WEAPON ENCYCLOPEDIA

兵器百科

思远◎主编

江西美術出版社
全国百佳出版单位

图书在版编目（CIP）数据

兵器百科 / 思远主编．-- 南昌：江西美术出版社，2017.1（2021.11 重印）
（学生课外必读书系）
ISBN 978-7-5480-4940-1

Ⅰ．①兵… Ⅱ．①思… Ⅲ．①武器—少儿读物 Ⅳ．① E92-49

中国版本图书馆 CIP 数据核字（2016）第 258368 号

出 品 人：汤　华
责任编辑：刘　芳　廖　静　陈　军　刘霄汉
责任印制：谭　勋
书籍设计：韩　立　李丹丹

江西美术出版社邮购部
联系人：熊　妮
电话：0791-86565703
QQ：3281768056

学生课外必读书系
兵器百科　思远　主编
出版：江西美术出版社
社址：南昌市子安路66号
邮编：330025
电话：0791-86566274
发行：010-58815874
印刷：北京市松源印刷有限公司
版次：2017年1月第1版　2021年11月第2版
印次：2021年11月第2次印刷
开本：680mm × 930mm　1/16
印张：10
ISBN 978-7-5480-4940-1
定价：29.80元

本书法律顾问：江西豫章律师事务所　晏辉律师
部分图片来自：http://www.quanjing.com/
赣版权登字-06-2016-821

前言 PREFACE

随着科技的发展，各种先进的兵器也逐渐被应用于现代战争中。而且随着战场形势的不断变化，武器的种类和技术也在不断地发展变化。

传奇的枪炮、铁甲的坦克、威猛的军舰、翱翔的战机、神秘的导弹……在兵器大家族中有着太多神秘、神奇的知识，而这本《兵器百科》就是打开兵器知识宝库的钥匙。

本书几乎囊括了两次世界大战中所有的经典武器和各国现役的主要兵器，包括单兵武器、陆战武器、海战武器、空战武器和导弹武器五个部分。本书以准确、通俗的语言系统详尽地介绍了这些兵器的独特性能和战场表现等。相信等你读完它，一定会成为一个博学的兵器小专家。

为了让大家轻松而愉悦地学习、了解各种兵器的相关知识，全书配备了大量精美的彩色插图，让大家能够更加直观、感性地掌握兵器知识，读者可以全面了解最新的兵器科技，领略各国的兵器风范。本书是极具欣赏与收藏价值的兵器宝典，也是家庭、学校及兵器爱好者必备的常用工具书 。

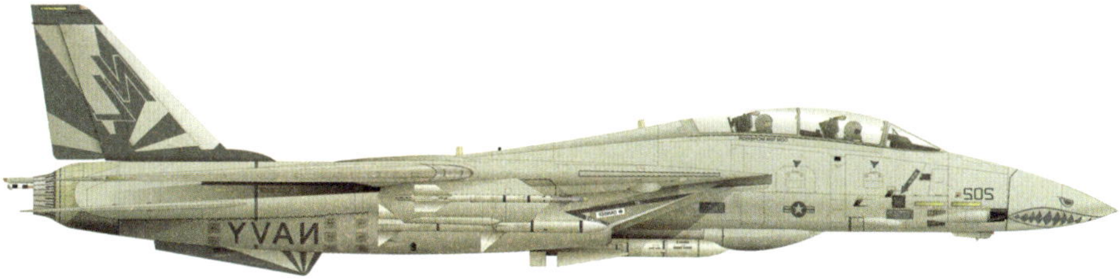

目录

CONTENTS

第一章

单兵武器

第二章

陆战武器

第三章

海战武器

Chapter 1

第一章

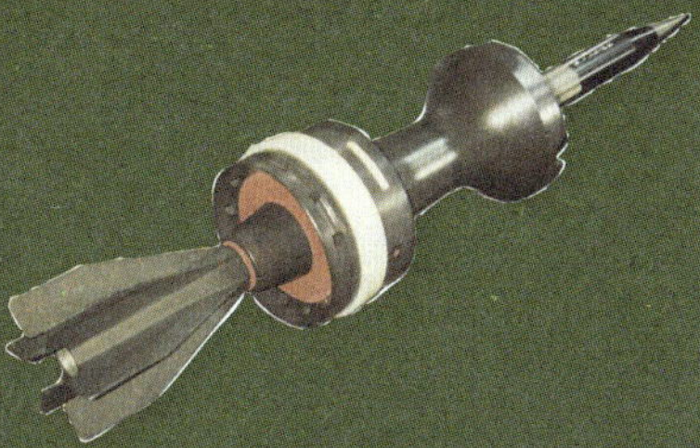

单兵武器

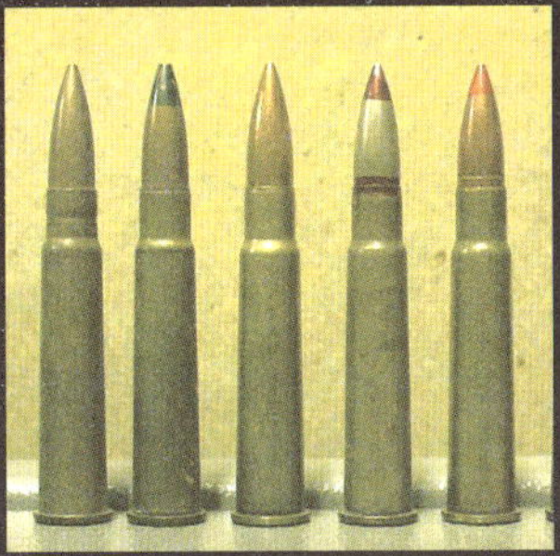

步枪

BUQIANG

生不逢时

——美国 M14 式步枪

美国 M14 式步枪是世界上早期的全自动步枪之一，同时也是 M1 “伽兰德” 步枪的换代型。该枪发射 7.62 毫米 ×51 毫米子弹，容弹量比 M1 “伽兰德” 大，火力迅猛，命中精度较高，调整快慢机可实施半自动或全自动射击。M14 是按照战斗步枪的要求来设计、制造的。该枪从 1963 年服役起，至今一直在使用，美国海军部队也一直使用该枪作为信号枪。

兵器档案

型号：M14 式步枪
全枪重：4.5 千克
口径：7.62 毫米
初速：850 米 / 秒
有效射程：700 米

不断改进

在越南战争中，M14暴露出了很多缺点，如太长太重，不适合在又热又湿的气候中使用；快慢机徒有虚名，在连发时多属无意义的浪费弹药。美国军方在M14暴露出这些问题时就开始寻找它的替代品，最后选择了柯尔特/阿玛莱特的5.56毫米突击步枪，也就是后来的M16。

老当益壮

虽然缺点明显，M14仍不失为一件可靠性好而且威力强大的武器。钟情于它的人正是喜爱它的精度高、射程远和杀伤能力强。因此M14仍作为精确支援火力的角色活跃在战场上，一直没有彻底退出舞台。特别是在山地、沙漠、海上或雪地这些环境下作战，M14可以提供远程精确火力支援。

在伊拉克战争中，美国第101空中突击师和第82空降师也在战场上重新启用了一批M14，与M16/M4搭配使用，而美国其他陆军部队也纷纷效仿。M14东山再起，宝刀不老，再次活跃起来。

美中不足的是，虽然M14步枪发射的枪弹在2000米处仍具有强大的杀伤力，但相对于突击步枪的战斗任务来说显然威力过大，尤其不适于短兵相接时的连发扫射，这一点极大地影响了该枪的使用方向与适用部队。

同其他步枪比较

相比于M14步枪，俄罗斯在同一时期使用的突击步枪子弹是介于手枪弹和步枪弹之间的中间型枪弹，即口径不变，而弹头重，子弹装药量和全弹尺寸都有所减小。作为举世闻名的AK-47突击步枪，在数十次局部战争中所表现出的可靠性、机动性、勤务性和经济性已得到世界公认，完全胜过M14步枪。因此，在二战时期，美国步枪水平居于领先地位，但二战后俄罗斯步枪则居于领先地位。

陆地勇士
——美国 OICW 先进单兵战斗武器

美军于 1994 年提出了理想单兵战斗武器开发计划，并将其取名为“XM29 OICW”。这一计划将步枪、榴弹发射器及火控系统整合为一体，用以取代美军士兵常用的 M16 突击步枪或 M4 卡宾枪加装 M203 榴弹发射器的组合。

兵器档案

型号：XM29 突击步枪
全枪长：864 毫米
口径：5.56 毫米 /20 毫米
初速：235 米 / 秒 /745 米 / 秒
有效射程：500~1000 米

点面杀敌

美国 XM29 突击步枪作为 OICW 单兵战斗武器中的一种代表类型，实质上是由两种武器组成的复合式武器，它兼具延程、远程火力，威力较大等特点，既可以发射小型榴弹，可对 800~1000 米内的目标进行射击，又可以发射枪弹，对 400 米内的目标进行射击，是一种远近结合、点面杀伤结合的武器，杀伤效能比很高。

该武器的火控系统非常先进，它包括直观式光学瞄准具、热成像仪、激光测距仪、弹道计算机、引信装定器、电子器件和显示屏。它可以以极高的精度测定目标距离和计算飞行时间，以装定引信，使其在适当时刻、适当高度的弹道偏转角起爆，以达到最佳空爆效果。

双管齐下

XM29 一次可发射两种子弹，即普通的 5.56 毫米子弹和 20 毫米高爆子弹。这种 20 毫米的子弹爆炸时类似于榴弹，碎片能向四方射出，所以杀伤力惊人。

北极之王
——L96A1狙击步枪

作为英国国际精密仪器公司研制的高精度狙击步枪，L96A1 狙击步枪有步兵型、警用型和“隐形 PM”型三种型号，其中步兵型于 1986 年开始装备英国陆军。L96A1 狙击步枪可以在严寒的天气中作战，即便在枪中进水并结冰的情况下，经过短暂处理该枪仍可以正常使用。该枪警用型的名字 AWP（Arctic Warfare Police，意为北极作战警察）也由此而来。现在它被流行的射击类游戏《反恐精英》选中，成为游戏中最著名的枪械之一。

兵器档案

型号： L96A1 狙击步枪
全枪重： 6.2 千克
弹匣容量： 10 发
枪管寿命： 5000 发
有效射程： 1000 米

传奇的设计者

L96A1 狙击步枪的设计者库帕是一个传奇人物，他是一名优秀的射击运动员，曾经夺取过两次奥运会冠军、8 次世锦赛冠军和 13 次欧洲锦标赛冠军。作为一个射术高超的射击选手，库帕对设计步枪也有自己的想法，于是他在 1978 年 5 月成立了自己的公司——国际精密仪器公司，招聘了 40 名雇员，专门生产符合国际射击比赛要求的步枪。1982 年，在英国陆军的狙击步枪招标中，库帕的公司一举中标，由此开始了 L96A1 狙击步枪的生产工作。

配备消声器

因为英国陆军装备的 L96A1 狙击步枪没有安装枪口制退器，所以该枪的后坐力很大。生产商为 L96A1 提供有一种简单的消声器，不过这种消声器并不能让狙击步枪在完全静音的情况下发射子弹，仅仅能有限地减小枪口噪声。

地狱之吻
——美国巴雷特 M82A1 狙击步枪

作为美国巴雷特公司研制生产的一种大口径半自动狙击步枪，M82 狙击步枪能使用重机枪的子弹和其他特种弹药，精度高、射程远、威力大。该枪的第一种型号 M82A1 在 1990 年装备美国海军陆战队，参加了海湾战争，表现优秀，并渐进开发了 M82A2、M82A3 等改进型号，成为美英特种部队首选的狙击武器。

兵器档案

型号：巴雷特 M82A1 狙击步枪
全枪长：1448 毫米
全枪重：14 千克
准星：10 倍瞄准镜
口径：12.7 毫米
有效射程：1850 米

半路出家

M82 狙击步枪的设计师朗尼·巴雷特是一个传奇式人物，他本来只是一名商业摄影师，没有任何武器设计经验。一次偶然的机会，和朋友打赌的巴雷特决心设计一支大口径半自动狙击步枪。经过一年的努力，他完成了新枪的设计和制造。接着巴雷特创建了自己的公司，并在 1982 年开始试生产，就这样，M82A1 大口径半自动狙击步枪正式“诞生”了。

进入军界

创业之初，巴雷特狙击步枪并没有进军军用市场，而是主要面向民用市场。20 世纪 80 年代中期，巴雷特在军展上首次展示了 M82A1 的强大威力。虽然该枪最终并没有引起海军陆战队足够的兴趣，不过巴雷特记住了军方的标准并大力改进。这一举动无疑是十分明智的，不久以后，该公司就得到了回报。

正式装备

1990 年 10 月，巴雷特系列的 12.7 毫米口径军用狙击步枪被美国海军陆战队正式选用。用于对付远距离的单兵、掩体、车辆、设备、雷达及低空低速飞行的飞机等高价值目标。另外爆炸器材处理分队也用 M82A1 来排雷。巴雷特 M82A1 已成为当今使用最广泛的大口径狙击步枪之一。

伊战扬威

大口径狙击步枪在伊拉克战争中发挥了重大威力。一名美军狙击手曾在 2000 米以上的距离用巴雷特狙击步枪射杀过数十名伊军士兵。海湾战争后，大口径狙击步枪引起了各国军队的高度重视，并掀起开发、生产的热潮。巴雷特公司也根据不同的使用要求开发出一系列相应的狙击步枪。

反恐精英
——SVD狙击步枪

兵器档案

型号：SVD 狙击步枪
全枪重：3.7 千克
口径：7.62 毫米
枪长：1220 毫米
弹容：10 发
有效射程：600 米（使用标准弹药）
最大射程：1300 米

SVD 狙击步枪是苏联装备的一种 7.62 毫米半自动狙击步枪，设计者为苏联枪械设计大师德拉贡诺夫。SVD 是 AK–47 突击步枪的放大版本，它的自动发射原理和 AK 系列步枪完全相同，但结构更为简单。该枪在 1967 年开始装备部队，现仍在俄罗斯、东欧和许多第三世界国家服役。

专业制造

作为 SVD 的设计者，德拉贡诺夫本身就是一个优秀的射击选手。1958 年，德拉贡诺夫接受了一个挑战——设计一种半自动狙击步枪。他运用射手的灵感，解决了提高射击精度等诸多难题。最后，他设计的 SVD 击败了包括枪械设计大师卡拉什尼科夫在内的其他竞争者，如今“德拉贡诺夫”已经成为苏 / 俄制狙击步枪的代名词。

性能优异

使用标准弹药时，该枪的有效射程约为 600 米，在此距离上精度为 2 角分。

射程和准确度可通过使用特殊弹药而得到改善。此枪的精确度问题主要由半自动动作导致的枪管震动造成。值得一提的是，相对此枪的体积来说，此枪的操控性良好，而且非常耐用。导气装置和枪膛均镀铬，具有良好的耐蚀性，且易于清洁。

神奇枪托

SVD 的枪托十分特别，是把一般的木质枪托握把的后方及枪托的大部分都镂空，这样既减轻了重量，又能自然形成直形握把，从而更好地控制枪口上跳。在枪托上有一个可拆卸的贴腮，枪托长度不可调。后来生产的 SVD 改用玻璃纤维复合材料枪托。

超高的精度

SVD 狙击步枪发射一种专门为其研制的钢芯结构狙击弹，使用这种弹药时该枪的射击精度比使用现有的普通枪弹高得多，在 1000 米距离以上仍有很强的杀伤力。在车臣武装恐怖分子的心中，SVD 永远是挥之不去的阴影。俄罗斯狙击手经常在意想不到的时间和地点，用该枪给车臣武装恐怖分子以致命的打击。

军事小天地

狙击步枪

狙击步枪指的是从普通步枪中挑选或专门设计制造的射击精度高、射程远、可靠性好的专用步枪。军事上主要用于射击对方的重要目标(如指挥人员、车辆驾驶员、机枪手等)。狙击步枪的结构与普通步枪基本一致，两者的区别就在于狙击步枪多装有精确瞄准用的瞄准镜；枪管经过特别加工，精度非常高；射击时多以半自动方式或手动单发射击。

射速之王
——美国 M24SWS 狙击步枪

性能优异

M24SWS 狙击步枪于 1987 年正式投入使用，它是根据美国陆军的要求而设计生产的。该枪采用了重型枪管和石墨复合材料做枪身，配合可以调节的伸缩托板，成为了一款性能优异的狙击步枪。M24SWS 狙击步枪全长 1082 毫米，重 3.5 千克，装弹量 10 发。整枪为黑色，枪管、上枪身、枪机、弹仓弹夹、枪托调节旋钮都是金属材质，下枪身、枪托是塑料材质。

兵器档案

型号：M24SWS 狙击步枪
全枪长：1082 毫米
全枪重：3.5 千克
口径：7.62 毫米
有效射程：800 米

独特构造

M24SWS 构造独特，最显著的特点就是它具有旋转后拉枪机结构，向上推动拉机柄然后后拉，就可以打开枪栓。而枪栓只要拉过弹夹出弹口就可以完成推弹上膛、射击等一系列动作，熟练的射手可以用掌心推动拉机柄迅速完成上膛动作，射速明显高于弹簧动力的狙击步枪。

美中不足

M24SWS 使用 7.62 毫米口径枪弹，射程可达 1000 米，不过美中不足的是每打一枪都要拉一次枪栓。M24SWS 对使用环境的要求很挑剔。过于潮湿或者干热的环境都会造成子弹射击方向水平上或者垂直上的偏差。M24SWS 配备有一个瞄准具和一个夜视镜，有时还要携带聚光镜、激光测距仪和气压计，以确保射击效果。因此该枪虽然拥有较高的远程射击命中率，不过在使用时并不灵便。

突击利刃
——美国 M4/M4A1 卡宾枪

美国 M4 式 5.56 毫米步枪是 M16A2 式自动步枪的轻量型和缩短型，于 1991 年 3 月定型。首先装备于美国第 82 空降师，1992 年第二季度正式列装。该枪目前仍在生产，并装备了美国陆军和海军陆战队。另外加拿大、洪都拉斯、阿联酋、危地马拉、萨尔瓦多等国也仍在广泛使用此枪。

兵器档案

型号：M4A1 卡宾枪
全枪长：838 毫米
全枪重：2.52 千克
口径：5.56 毫米
初速：905 米 / 秒
有效射程：600 米

设计

M4 卡宾枪的设计可追溯至早期卡宾枪版本的 M16 及 XM177，都是由尤金·斯通纳开发的 CAR–15 发展而来，同样采用导气、气冷、转动式枪机设计，以弹匣供弹及可选射击模式的突击步枪，而 M4 的长度比 M16 突击步枪要短，枪管缩短至 368.3 毫米，重量也较轻，令射手能在近战时快速瞄准目标，两者之中有八成的部件可以共用。

一些 M4A1 装配较厚较重的枪管，以减

低全自动开火时所产生的热力，并且加厚铝质隔热层。美军最初版本的 M4 卡宾枪只有“单发”及“三点发”模式，其后的 M4A1 以“单发”及“全自动”模式取代“三点发”，M4 及 M4A1 均使用 5.56 毫米口径的 SS109 子弹，而且仍采用 M16 特有的气体直推传动方式。

实战经验

目前，M4A1 卡宾枪已大量装备美军特种部队及机械化部队。在近年来一系列的局部战争中，M4A1 发挥了巨大的突击威力，为美军减少伤亡提供了物质基础。在 2003 年的伊拉克战争中，美国海军陆战队正是使用该枪快速突破了伊军的防线，得以向战略纵深挺进，因而该枪在战后广受赞誉。

装备精良

M4 的可加载附件包括 M203 榴弹发射器、M870 霰弹枪、FIRN 手把、弹容 90 发子弹的 MWG 鼓型弹匣，并有 GG&G 公司专门研制的“城市武士”瞄准系统等。由于 M4 枪管前部与 M16A4 尺寸相同，因此必须在枪管上切削出一小段缩颈，才能安装 M203 导轨。和 M16A2 一样，M4 也有单发 / 连发和单发 / 三发点射两种射击功能调换装置。

广受喜爱

虽然最初是为空降部队和特种部队研制的，不过 M4 重量轻、精度高、体积小，因此也受到了其他作战部队及非一线作战人员的喜爱。从 1997 年 11 月起，美军陆军正式装备 M4 卡宾枪，到 1999 年年底全部现役部队换装 M40。

古怪精灵
——奥地利斯太尔AUG突击步枪

AUG突击步枪是世界上最早出现的无托枪之一，同时已成为世界著名的枪族之一。该枪于1972年定型，1977年装备部队。步枪、卡宾枪、伞兵型冲锋枪和轻机枪是其枪族中的主要成员。1991年的海湾战争中，AUG突击步枪曾被沙特等军队使用，经受了严酷的实战考验。

兵器档案

型号： AUG突击步枪
全枪重： 3.6千克
口径： 5.56毫米
全枪长： 790毫米
有效射程： 500米

结构特点

AUG步枪在结构上有三大特点：第一，它没有常规式枪托，而是以弹匣为托；第二，积木式组装结构，全枪由六大部件组成；第三，采用了大量塑料件，约占零件总数的20%。该枪全枪长790毫米，枪管长508毫米，全枪重3.6千克，配用弹种为5.56毫米SS109弹，初速970米/秒。

总之，AUG步枪以其独特新颖的外观、优良的性能，赢得了广泛好评，目前在世界上被广泛采用。

优缺参半

AUG步枪是一款结构紧凑、携带方便的无托步枪，近年来风头正劲，销量持续增长。从精度来看，AUG结构配合紧密，活动间隙小，异闭锁撞击轻，自动机运行平稳，精锻枪管射击精度高，加之操作方便，单发射击精度高，点射精度也相当不错。

不过，除有无托枪的共性缺点外，AUG还有连发后易造成弹丸偏离目标，风沙、泅渡中故障太多，严寒条件下机构阻力加大和塑料件易于断裂等缺点。

战争考验

AUG突击步枪采用整体式光学瞄具，并自带小提把；大量采用工程塑料，耐磨抗用、强度高。在多次的地区冲突中，AUG博得了士兵们的喜爱，尤其是女兵，被它的枪体轻巧、握持及射击舒服且易于掌握等射击优点所吸引。

销售冠军

曾有人做过这样的实验：一辆军用卡车从AUG步枪上反复碾过，结果拿起一看，发现除了光学瞄准镜的玻璃破损之外，其他部件均完好无损。它的优异性能和坚固耐用受到阿拉伯国家的青睐，包括澳大利亚、新西兰、沙特在内的四十多个国家都将其列为制式装备，美、英的一些特种部队和警察部门也配有该枪。

突击高手
——瑞士 SIG SG552 突击步枪

兵器档案

型号：SIG SG552 突击步枪
全枪重：3.2 千克
全枪长：730 毫米
全枪高：210 毫米
弹容：5 发 /20 发 /30 发

枪长仅 504 毫米。它的重心后移从而方便控制并提高了射击精度。SIG SG552 沿用 AK 步枪类型的长行程活塞系统，枪机、活塞以焊接方式结合在一起，拉柄自成一件。SIG SG552 的握把、护手都由硬质聚合塑料制成，枪托为折叠式强化橡胶制枪托，能承受猛烈撞击。

弹无虚发

该枪的最大特点是配备光学瞄准镜，可快速追瞄，在百米射程内可以说是百发百中，俨然是近程狙击步枪。它以近战为主，在战斗中通常与其他枪型混合编配，以弥补火力间隙。

美中不足

SG552 短突击步枪全长 73 厘米，但它是 5.56 毫米步枪弹枪型，理论上稳定性和噪音与枪口火光过大都是大问题。以往国外的测试报导表明，此枪的连射操控性容易控制，但半自动远距精度则略显勉强，因准星间轴距很短（36 公分），如果射手不够沉稳，则很容易错失目标，但是这可以用光学瞄准镜或 ACOG 瞄准具改善这一项小缺失。

冲锋枪

CHONGFENGQIANG

近战英豪——美国汤普森 M1/M1A1 式冲锋枪

汤普森冲锋枪以美国汤普森将军命名，但实际上是由美国人佩思和奥克霍夫设计的。该枪最早的生产型是 M1921 式，后来又相继出现了 M1923、M1928 等系列冲锋枪。其中 M1928A1 式于 1930 年研制成功，并少量装备了美军，第二次世界大战中还为英、法等盟国军队所使用。

兵器档案

型号：M1A1 式冲锋枪
全枪重：4.536 千克
全枪长：813 毫米
弹头初速：282 米 / 秒
弹匣供弹：20 发 /30 发
有效射程：200 米

1942 年，对 M1928A1 式进行了改进，发展了 M1 式冲锋枪，并正式装备美军，成为美军第一支制式冲锋枪，后来在 M1 式的基础上又改进为 M1A1 式冲锋枪。

结构特点

汤普森 M1A1 式冲锋枪，是在 M1 基础上进一步改进的冲锋枪，两者的外观基本相似。主要不同是，M1A1 取消了小型三角形击铁，枪机前端的击针由活动式改为固定式。此外，握把底座左侧面的保险装置、选择器等机构也简化了，以嵌入单销作为回转杠杆。

斯普林菲尔德兵工厂和阿伯丁试验场的试验结果表明，M1A1 的性能并不比 M1 差。该枪的表尺采用固定式觇孔照门表尺，其形式与 M1 一样为钢板弯曲成 L 形，但为了防止落地使表尺变形，表尺两侧安装了三角形的表尺防护件。

该枪的枪托也有小改进。M1 及过去的汤姆逊冲锋枪枪托，采用两个螺栓直接固定在机匣上，一旦枪支受到跌落等冲击，冲击力将直接传到枪托，造成破损事故。因此，M1A1 的枪托增设了穿通的交叉螺栓，以防止因冲击力造成破损。

辉煌历史

汤普森 M1A1 式冲锋枪在 1942 年 10 月被命名为美国 M1A1 式 11.43 毫米冲锋枪。该枪在 1942 年的产量为 8552 支，1943 年为 526500 支。1944 年 M1 停产后，M1A1 的生产继续进行，生产了 4091 支。

1944 年年底，供美军使用的汤普森冲锋枪全部停止生产，改为生产加工性能更好的美国 M3 式 11.43 毫米冲锋枪。目前，该枪已从各国军队中撤装，但美国警察仍在使用。

为战争而生的武者
——美国汤普森 M3 式冲锋枪

兵器档案

型号：汤普森 M3 式冲锋枪
口径： 11.43 毫米
全枪长： 755 毫米
全枪重： 3.63 千克
射程： 200 米
射速： 450 发 / 秒

诞生

第二次世界大战初期，因 M1928A1 式冲锋枪构造复杂，不适合大批生产，因此 1941 年 6 月，美国兵工总署轻武器发展处提出要求发展新的冲锋枪，以取代汤普森冲锋枪。

1942 年，由美国通用汽车公司的总设计师乔治·海德和工艺师费雷德克·桑普森合作研制出可以单发、连发的 T15 式样枪，外形类似英国司登冲锋枪。同年冬季，T15 式的改进型 T20 式（主要是取消了单发射击机构）在阿伯丁试验场进行了全面试验。试验结果证明该枪无论威力和可靠性，还是寿命都优于当时的同类武器。同年 12 月，美军正式决定该枪为制式武器，命名为 M3 式冲锋枪。

结构优势

M3式冲锋枪增加了一个抛壳窗防尘保险盖。关上抛壳窗防尘保险盖，内侧的保险卡销即可把枪机锁在前方或后方位置，实现保险；打开抛壳窗防尘保险盖，则保险解除。另外M3式冲锋枪采用了可伸缩的通条枪托。枪托用钢丝制成，拉出枪托后，可以舒适地瞄准射击；枪托取下后，可用来做擦拭枪管的通条使用。此外，为了满足特种作战的需求，还开发了带有消声器的枪管组件，旋下标准枪管，换上带有消声器的枪管，就可变形为一支名副其实的微声冲锋枪。

武器的外观造型是武器战斗力不可忽视的重要因素。M3式冲锋枪体形粗犷，使己方人员建立对该种武器的信心，令敌方人员产生对该种武器的恐惧心理。M3式冲锋枪的造型布局与其人机功效的结合恰到好处，拿着它的人，都会感到得心应手，十分协调。此外，它的片状准星装在机匣前部，枪管能十分方便地伸出战车射孔射击。

因为M3式冲锋枪枪管与枪机同轴，加上枪机与枪弹质量比大，枪机前冲量与枪弹后坐冲量几近相等的缘故，以致射击时极好控制。M3式冲锋枪在100米以内，只要用觇孔照门同时套住准星和目标，快速射击，命中概率是很高的。此外，该枪比较容易用扣压扳机的食指来控制打单发。

宝刀不老

在二战结束后的近半个世纪里，M3/M3A1冲锋枪始终没有退出美军制式武器的序列。从20世纪60年代的越南战争到80年代美军的历次军事行动，在美军特别是特种部队中处处可见它的身影。直到现在，世界上还有许多国家的军队或准军事组织仍在使用M3/M3A1冲锋枪。

反恐利器
——德国 HK MP5 系列冲锋枪

兵器档案

型号：德国 HK MP5 冲锋枪
全枪长：682 毫米
口径：10 毫米
初速：442 米 / 秒
弹容：30 发

HK 公司的设计师蒂洛·默勒、曼佛雷德·格林、乔治·塞德尔和赫尔穆特·巴尔乌特开始了命名为“64 号工程”的设计工作，并将设计的成品命名为 MP·HK54 冲锋枪。

20 世纪 60 年代初，HK 公司一直忙于 G3 步枪的生产，直到 1965 年，HK 公司才公开了 HK54，并向德国军队、国境警备队和各州警察提供试用的样枪。1966 年秋，西德国境警备队将试用的 MP·HK54 命名为 MP5 冲锋枪。这个试用的名称就这样沿用至今。同年瑞士警察也采用了 MP5，成为第一个德国以外采用 MP5 的国家。

反恐精英

MP5 系列冲锋枪火力迅猛，而且精确度极高，因此成为反恐部队及营救人质小组的首选武器。它的出镜率极高，从某种程度上说，MP5 系列冲锋枪已经成为了反恐力量的一种象征。该枪拥有极高极强的威慑力，因而受到广泛的好评。

改良精品

1970 年，HK 公司推出了 MP5 的改进型 MP5A2 和 MP5A3。在外形上，MP5 与 MP5A2 和 MP5A3 基本一样，不过后两者采用浮置式枪管，MP5A2 安装了固定塑料枪托，MP5A3 则为伸缩式金属枪托。1985 年 HK 公司相继推出了 MP5A4 和 MP5A5，它们都采用了非常舒适的大型塑料护木。

突击之王
——以色列“乌兹”冲锋枪

1949年，以色列军人乌兹·盖尔成功创制出一种轻型武器——“乌兹”冲锋枪。1951年以色列开始批量生产该枪，1954年全面列装以色列军队。“乌兹”冲锋枪小巧玲珑、性能优良，有极强的近短程火力，是举世公认的最优秀的冲锋枪之一，许多国家的特种部队都配备该枪作为突击武器。

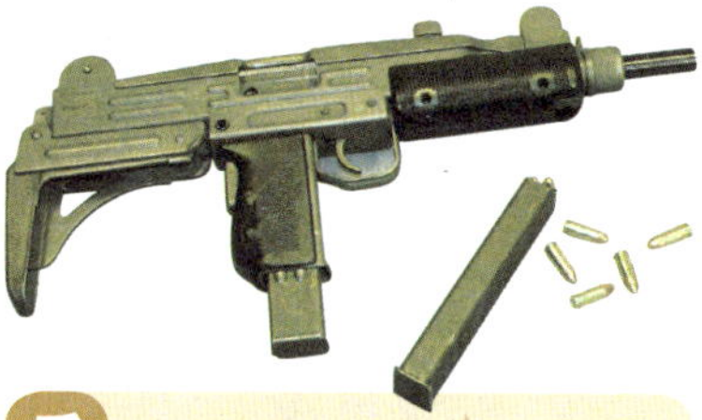

兵器档案

型号：以色列“乌兹”冲锋枪
全枪长：650毫米
全枪重：3.5千克
初速：400米/秒

安全卫士

“乌兹”冲锋枪小巧精悍，结构简单，方便拆装和携带；可靠性高，扔进水里、埋进沙里，甚至从高空扔下，它都依然能正常射击。在1956年的中东战争中，“乌兹”冲锋枪被大量使用并表现优秀，从而一举成名。世界上很多国家开始仿制和装备“乌兹”冲锋枪。

一战成名

在一次反劫机行动中，以色列“哈贝雷”特种部队队员使用“乌兹”冲锋枪，首先在飞驰的车上扫清外围恐怖分子，随即在45秒钟内击毙全部劫机恐怖分子，而特种部队却无一受伤。这不但让“哈贝雷”特种部队成了世界瞩目的焦点，也让“乌兹”冲锋枪一举成名。

近战利器
——英国司登式冲锋枪

第二次世界大战开始以后，英国枪械设计师谢菲尔德和特尔宾两位设计师开始研发冲锋枪。两人很快便完成了冲锋枪的设计。1941 年初，由英国恩菲尔德皇家兵工厂制造出样枪，并以两位设计师的姓（Sheppherd 和 Turpin）的第一个字母和工厂名 Enfield 的前两个字母命名，这就是举世闻名的司登（Sten）冲锋枪。

兵器档案

型号：司登式冲锋枪
全枪重：3.18 千克
全枪长：760 毫米
口径：9 毫米
初速：365 米 / 秒

英国司登式冲锋枪是在德国 MP40 型冲锋枪的基础上研制成功的一款新式冲锋枪。其结构非常简单，造价也很低廉，非常适合于在战时大量生产。它采用国际通用的 9 毫米帕拉贝鲁姆弹药，弹匣可以与德军 MP40 型冲锋枪通用。

从 1941 年年中到 1945 年年末，英国、加拿大和澳大利亚总共生产了超过 400 万支司登式冲锋枪，被广泛应用于第二次世界大战中后期的历次战役中。

型号发展

司登式冲锋枪有多种分支型号。最早的为 MK-Ⅰ。它是司登系列冲锋枪的母型，于 1941 年开始研发的，整个枪身由轧制钢制成。枪口装有类似汤勺形状的消焰器，还可以安装刺刀。但是，这一型号很少被用到部队中。1941 年年底出现了 MK-Ⅱ。它比 MK-Ⅰ型更小、更轻，而且被加上了消音器。MK–Ⅱ是五种型号中最常用的，也是产量最高的一种型号。1943 年初改装生产的 MK–Ⅱ（S）型无声冲锋枪，是二战中唯一能安装消音器的冲锋枪。1943 年年底，莱恩斯兄弟公司设计出了一种简化版的“司登”式冲锋枪——MK–Ⅲ型，并大量生产用以装备在诺曼底登陆的部队。MK–Ⅳ只是一种试验型的冲锋枪，并没有正式生产。最后一种型号 MK–V 型在设计之初只是为了改善“司登”式冲锋枪一贯丑陋、粗糙的外观，但后来它逐渐成为英国伞兵的专用武器。

经典实例

1942 年 8 月的迪耶普奇袭战中，司登式冲锋枪第一次用于实战。到 1944 年 6 月诺曼底登陆时，该枪已成为盟军的标准制式冲锋枪。

虽然与传统步枪相比，司登式冲锋枪无论在射程还是精度方面都相差甚远，但其每分钟高达 550 发的超高射击速度使司登式冲锋枪成为短兵相接时不可多得的利器。

军事小天地

战地突击的武器——冲锋枪

冲锋枪是单兵双手握持发射手枪弹的一种全自动枪械，介于步枪和手枪之间。其结构较简单，枪管比步枪短，便于突然开火，且射速高；弹匣容弹量较多；枪托一般可以伸缩或折叠。现代冲锋枪初速多为 400 米 / 秒左右，连发的战斗射速为 100 发 / 分至 120 发 / 分，在 200 米内有良好的杀伤效力，适于战地突击。

沉默中闪光——瑞典M45式冲锋枪

设计优势

M45式冲锋枪包括M45、M45B、M45C和M45D四种型号。最早的M45式冲锋枪上没有弹匣座，只能使用M37–39冲锋枪的50发4排单进弹匣或弹鼓供弹。后期加装弹匣座后，可以使用卡尔·古斯塔夫兵工厂研制的新型36发双排双进楔形直弹匣，其特点是弹匣座可以拆卸，拆掉后仍可使用M37–39冲锋枪的50发弹匣或弹鼓。

兵器档案

型号： M45式冲锋枪
口径： 9毫米
全枪长： 808毫米
全枪重： 3.4千克（不含弹匣）
弹容： 36发

M45B冲锋枪改进为焊接的固定弹匣座，只能使用36发楔形直弹匣，这也是该枪的标准型号，一般所说的瑞典M45冲锋枪即指M45B。M45B还改进了机匣尾部的盖帽，加强了机匣盖帽的强度，同时加大了内部锁紧帽的锁紧力。为了进一步提高机匣盖帽的抗冲击能力，其上部延长形成一个钩状部分，当安装到位后，钩状部分会卡在机匣尾部上方一个铆接的定位片上，进一步杜绝了机匣盖帽向后意外脱落的危险。

畅销各国

M45冲锋枪是真正的畅销货，丹麦购买了包括武器设计、工装在内的特许权，在自己的国家兵工厂生产，定型号为“霍弗尔”M49。其他买主还有澳大利亚、美国、爱沙尼亚、印度尼西亚、伊拉克和爱尔兰，而其中以埃及仿制的冲锋枪最令人瞩目。

反恐精英
——意大利“幽灵”M4冲锋枪

意大利的“幽灵”M4 冲锋枪是根据 20 世纪 80 年代城市恐怖活动特点设计的，其设计思想是：减少武器的射击操作动作，实现快速射击和高射速。该枪结构新颖，弹匣容弹量大，连发射击平稳，便于安全操作和携带。“幽灵”M4 不带弹匣仅重 2.9 千克，小巧灵敏，动作简单，便于快速射击。特种队员使用它，出手快，可获得战斗优势。

兵器档案

型号：“幽灵”M4 冲锋枪
口径：9 毫米
全枪长：580 毫米（枪托展开）
枪重：2.9 千克
有效射程：76.2 米
弹容：30 发或 50 发

结构特点

M4 冲锋枪采用闭膛待击原理。闭膛待击的优点是命中精度较高，但它却不利于散热，所以大多数的冲锋枪采用开膛待击，但也有少数如 HK MP5、柯尔特 9 毫米冲锋枪采用闭膛待击。

M4 冲锋枪的击发方式为平移式击锤击发，能够简化射击操作，实现快速射击，特别适合护卫人员平时上膛后安全携枪，遇上突发事件后可以立即举枪射击，没有多余的操作步骤。M4 式冲锋枪采用双动击发，而且还具有待击解脱功能。这样，射手就可以在子弹上膛后放下击锤，安全地带弹携行，当需要射击时只要直接扣压扳机就能立即发射，而不需要先手动打开保险。在解脱击锤的待击状态后，发射时也像大多数双动手枪一样，第一次扣压扳机时的扳机力比较大，而之后的扳机力都比较轻。可以说“幽灵”M4 开创了冲锋枪的新纪元。

M4 冲锋枪的机匣用冲压钢制成，且向前延伸形成枪管护套。枪机具有气泵的作用，运动时会把空气吸进枪管护套内冷却枪管。这样的设计可以弥补 M4 冲锋枪采用闭膛待击不利于散热的缺点。扳机座的左右两侧均有一个大型、易操作的快慢机，可选择单、连发射击，快慢机后方、握把上方有待击解脱柄。

枪管采用多边形膛线，这样有利于弹头嵌入，还可以降低与弹头的摩擦阻力，从而可降低枪管的温度，且闭气性好，有利于提高弹头的初速，对提高射击精度和枪管寿命很有帮助。但由于枪管太短，该枪适用于近距离战斗。

一大遗憾

M4 冲锋枪的枪托由钢板冲压而成，不使用时可向上折叠在机匣顶部，不影响拉机柄的操作。该枪的前、后握把可拆卸。但枪托折叠后拉机柄的操作却不太方便，而且影响机械瞄准具的使用，另外枪托展开后也不易于贴腮瞄准。虽说长度只有 130 毫米的枪管决定了该枪只适合在 50 米以内的近射程使用，但枪托问题不得不说是 M4 式冲锋枪的一个重大遗憾。

独特弹匣

独特的 4 排大容量弹匣是 M4 式冲锋枪的另一个著名特征。该枪的弹匣容量有 30 发和 50 发两种。弹匣由两个托弹簧、一个托弹板和分隔开的两个双排弹匣组成。弹匣外形酷似一个不对称的瓶装体，“瓶颈”以下是由隔板隔离成的两个双排弹盒，在“瓶颈”处转变成传统的双排弹匣。50 发弹匣的长度为 210 毫米，和一个传统的 30 发双排弹匣长度近似；而 30 发弹匣的长度仅有 160 毫米。

军事小天地

提前击发

这种击发的方式多见于使用开放式枪栓、以气体反冲式运作的冲锋枪。它的方式是子弹上膛过程中，当子弹大部分进入膛室，但还有一小部分在外时，击发机构就将底火击发、装药引燃，此时子弹和枪机仍然向前运动。这样做的好处是向前运动的惯性可以抵消一部分发射气体的冲力，延长枪机保持膛室密闭的时间，这样枪机重量也就可以减轻。第二次世界大战时，英国著名的司登冲锋枪就使用了这个原理。

恐怖杀手——PP-2000冲锋枪

首次亮相

PP-2000型9毫米口径冲锋枪于2004年在欧洲萨托里2004军备展上首次公开展出。该枪由图拉的KBP仪器制造设计局研制，非常适合作为非军事人员的个人防卫武器或特种部队和特警队的室内近战武器。

兵器档案

型号： PP-2000冲锋枪
口径： 9毫米
全枪长： 300毫米
空重： 1.4千克
弹容： 44发

反恐精英

PP-2000冲锋枪是为了适应反恐的需要而研制出来的。在与车臣恐怖分子多年的作战中，俄陆军和特种部队体会到：作战小分队进入城区、山地或丛林地带作战，无法得到重武器火力支援，因而自身需要配有可携带的强火力轻武器。图拉的KBP仪器制造设计局了解这种情况后便很快推出了这款PP-2000新式冲锋枪。

性能优势

此冲锋枪采用独特的减速机构，理论射速控制在600发/分左右，因而在连发射击时能保证射击密集度和有效性。PP-2000冲锋枪的最大优势表现在它的杀伤性能上。PP-2000冲锋枪的主用弹7H 31式防御枪弹具有其他手枪弹无法比拟的穿甲性能，这一特性使得该枪在90米射程内，发射9毫米7H 31式枪弹，可击穿有硬装甲防护的防弹背心，也可有效打击车内目标。此外，PP-2000采用冲锋枪常见的自由式枪机工作原理，使用闭锁待击方式，提高了射击精度。

机枪

JIQIANG

班用利刃

——美国 M249 式机枪

“米尼米”M249 轻机枪于 1970 年由比利时著名的 FN 公司设计制造，这是一种 5.56 毫米小口径轻型机枪，1982 年被美军采用，其美国生产型称为 M249。除美国和比利时外，加拿大、澳大利亚等 20 多个国家也采用“米尼米”M249 机枪作为制式武器。

礼尚往来

作为枪械制造大国，美国为何在轻武器上还会选中外国设计的产品呢？除了被选中的武器性能的确优秀之外，这里面还有更深层次的

兵器档案

型号：M249 机枪
全枪重：5.75 千克
全枪长：908 毫米
口径：5.56 毫米
有效射程：约 580 米

原因。其实美国的目的在于以小换大，为把大装备卖出去赚大钱，还美其名曰“有来有往的政策”。而实际上美国还是在国内授权生产，以维护本国制造商的利益，并同样能再出口，关于这一点，M249 轻机枪即是例证。

班用自动武器

“米尼米”M249 轻机枪的设计沿袭了通用机枪的概念。该枪使用标准的北约 5.56 毫米小口径弹，它使用弹链供弹，装有两脚架，也可以装上三脚架。不过它的弹药有效射程较短，在中距离以上威力还达不到通用机枪的水平。在紧急情况下，它还可以直接使用突击步枪的弹夹供弹。由于重量轻，弹药通用，可用作步兵班的支持火力，所以它也被称为“班用自动武器”。

特殊的弹箱

“米尼米”M249 轻机枪共有 3 种类型：标准型（长枪管）、伞兵型（短枪管）和车载型。标准型配备有固定枪托，通常配备两脚架，两脚架拉开后可支于地面射击。为了方便士兵携带，FN 公司特意设计了一种专门存放枪弹的盒形弹箱，弹箱可装 200 发枪弹。由于弹箱是用塑料整体压铸而成，所以不但成本低廉，而且坚实耐用。

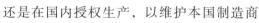

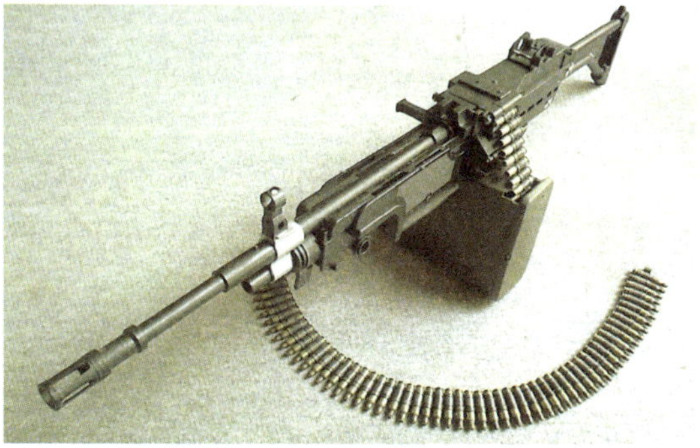

盟军噩梦
——德国MG-42通用机枪

根据《凡尔赛公约》的规定，第一次世界大战的战败国德国不可以制造重机枪。作为应对，德国研制出了通用机枪 MG-42。

惊人的适应性

兵器档案

型号： MG-42 通用机枪
全枪重： 7.92 千克
口径： 7.62 毫米
初速： 755 米 / 秒
有效射程： 1200 米

该枪如果使用两脚架，配备 75 发弹鼓就可以作为轻机枪使用，跟随班排作战。如果使用重机枪的三脚架，配备 300 发弹箱，就可以作为重机枪使用，成为营连的支援武器。如果装上装甲车或者坦克，它又是车载机枪，因此成为盟国步兵的噩梦。它的最大特点是不同于马克西姆重机枪采用的水冷降温的方式，而是和轻机枪一样采用气冷式，因此能通过迅速更换枪管来保持射击的连续性。

技术突破

作为枪械生产技术的一次重大突破，MG-42 的研制成功意义重大。它的设计者格鲁诺夫博士本人并不是枪械设计师，而是一名金属冲压技术专家。当时由于德军一线部队对机枪的需求量很大，他以专业的眼光认为按照传统枪械制造工艺，很难满足这样的需求，而机枪采用金属冲压工艺制造是必然趋势。事实证明他的思路是正确的，用金属冲压工艺生产的 MG-42 不仅节省材料和工时，也使结构更加紧凑。

盟军噩梦

无论是在苏联 – 40℃的冰天雪地、诺曼底低矮的灌木丛林、北非炎热的沙漠，还是在柏林的碎石和瓦砾堆，MG-42 都是德军绝对的火力支柱，也是盟军士兵的噩梦！

冲锋战士
——美国M60系列机枪

作为第二次世界大战后美国制造的著名机枪，M60式7.62毫米通用机枪于1958年正式装备美军。尽管出现了M249式5.56毫米机枪和M240式7.62毫米机枪，但M60自身优秀的性能和不断适应新战术环境的特点是很多机枪所无法相比的。现在许多国家将其列为军队主要装备。

兵器档案

型号： M60式7.62毫米通用机枪
全枪重： 10.51千克
口径： 7.62毫米
初速： 855米/秒
有效射程： 800米

温度的麻烦

M60系列通用机枪最大的弊端是枪管升温过快，而更换枪管恰恰十分困难。由于枪管升温快，M60机枪的射手在连续发射200发子弹后就需要更换枪管，这时枪管的表面温度甚至可以达到500℃。另外，因为M60机枪的两脚架固定在枪管上，而提把安装在机匣上，因此更换枪管时，通常需要一名射手一手抱起枪托，把武器指向安全方向，另一名射手则戴上隔热的石棉手套，换上新的枪管。这个过程相当麻烦。

经典战例

M60机枪的身影经常出现在一些反映越战的影片中。在电影中，美军把它作为冲锋枪用以冲锋陷阵。而实际上在越战时期，美军士兵确实大量使用过M60通用机枪，凭借其猛烈的火力来压制越南军队。

据说，1983年，美国一支突击队曾用两挺M60机枪对抗两栖装甲车，最后克敌制胜，营救出当时的英国总督斯库恩。

老而弥坚
——比利时 FNMAG 通用机枪

兵器档案

型号：FN MAG 通用机枪
全枪重：10.85 千克（带两脚架）
口径：7.62 毫米
初速：840 米 / 秒
有效射程：800 米

由比利时国营赫斯塔尔公司研制的 FN MAG 机枪，型号定为 MAG，意为导气式机枪。该枪现在主要装备于英国、美国、加拿大、比利时、瑞典等 70 多个国家，目前该枪是西方国家装备的主要机枪之一，总数达 15 万挺以上。

性能优越

FN MAG 机枪可作为轻重机枪使用，结构坚固，动作可靠，战术用途广。由于该枪把各种武器结构特别完美地结合在一起，取得了设计上的极大成功，因而在某些方面比美国的 M60 式机枪更为优越。

这款枪采用导气式工作原理、闭锁杆起落式闭锁机构。自动机系统模仿美国勃朗宁 M1918 式 7.62 毫米自动步枪，闭锁杆起落式闭锁机构的闭锁部位有所改动。该枪平时配两脚架，需要时可以装在三脚架或高射架上射击。

该枪机匣为长方形冲铆件，机匣与枪管节套用断隔螺连接，枪管可以迅速更换。采用排气式气体调节器，射速可以在 600 发 / 分 ~1000 发 / 分的范围内随意调节。

瞄准装置

该枪采用机械瞄准具。准星为片状，准星座装在横向的燕尾槽中。表尺为立框式，可折叠。表尺平放时，射程装定为 200~800 米，表尺竖直后，射程装定为 800~1800 米。

紧凑杀手
——比利时 FN“米尼米”轻机枪

作为著名现代枪械制造商比利时国营赫斯塔尔公司（FN 公司）的杰出作品之一的比利时“米尼米”(Minimi) 5.56 毫米轻机枪，于 20 世纪 70 年代初研制成功，主要供步兵、伞兵和海军陆战队作直接火力支援使用。现已装备美国（美军编号 M249）、比利时、加拿大、意大利和澳大利亚等一些国家。

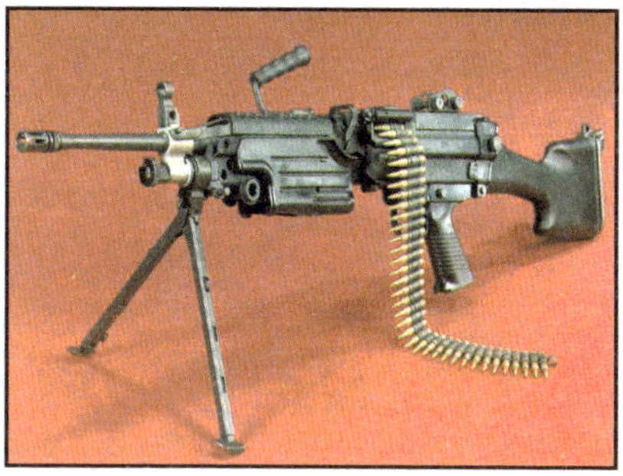

米尼米轻机枪继承了 FN 枪械的一贯风格，具有质量轻、体积小、结构紧凑、操作方便、勤务简单等特点。由于它的杰出表现，极力推崇枪族通用化的美国也将其作为 M60 的替代品大量装备特种部队。

兵器档案

型号：FN“米尼米”轻机枪
全枪重：7.5 千克
口径：5.56 毫米
初速：952 米 / 秒
有效射程：1000 米

结构特点

该枪在结构上有两大特点，它的供弹机构既可以使用弹链，也可以使用弹匣供弹。塑料弹箱有两种型号的发弹链。需要时也可以将弹匣座的弹簧折叶盖板打开，插入 M16 的弹匣直接使用，这时折叶盖板上的凸起就作为弹匣卡锁使用。

另一大特点是枪管更换非常方便，只需用一只手捏住提把即可装卸。标准型“米尼米”机枪配备有固定枪托，伞兵型配有折叠托，另外还有一种无托型可以装在装甲运兵车上使用。两脚架为该枪的制式配件，如果需要的话，还可装在轻质三脚架上。

瞄准装置

该枪采用机械瞄准具，前部为可以调高低和方向的准星，后部为可以调风偏和高低的照门。

手枪

SHOUQIANG

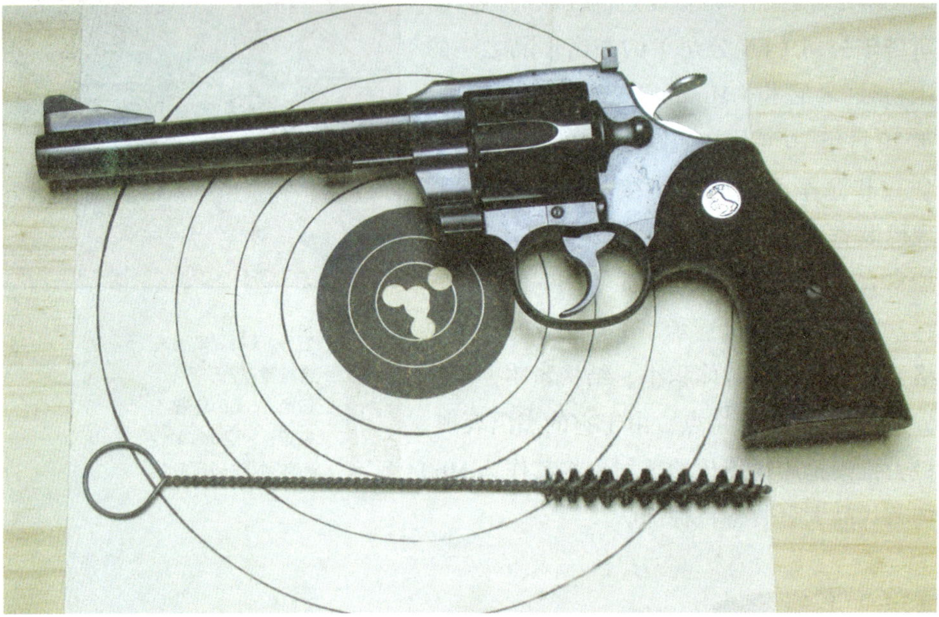

瞄向里根总统的暗枪
——美国柯尔特左轮手枪

左轮手枪的发明

兵器档案

型号：柯尔特左轮手枪
全枪长：323 毫米
全枪重：1.160 千克
口径：11.43 毫米
弹容：6 发

一般认为，左轮手枪的设计者是美国人柯尔特，因为在 1835 年 10 月 22 日，柯尔特获得了专利号为 6909 的英国专利，其专利产品就是左轮手枪。

左轮手枪实际上是转轮手枪的一种，转轮手枪是手工装填弹药，子弹打空之后就得退壳或重新装填。将转轮推出框架一

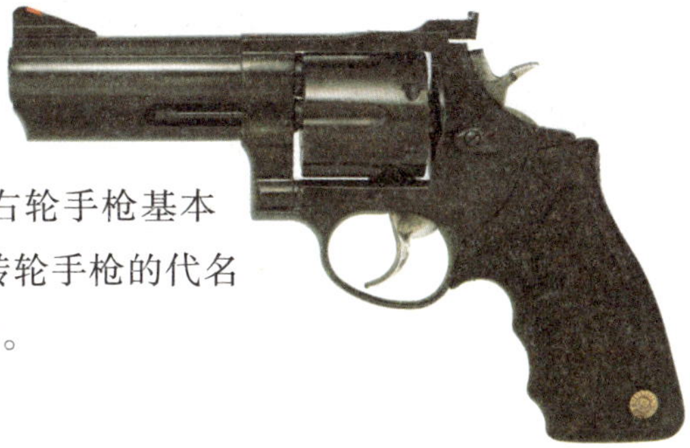

般有 3 种方法，最常用的是转轮摆出式，就是将转轮甩向左侧或右侧，甩向左侧的叫左轮手枪，甩向右侧的叫右轮手枪，但是，从古至今，右轮手枪基本上没出现过，所以，左轮手枪成了转轮手枪的代名词，甚至比转轮手枪这个词叫得还响。

六响子

转轮手枪的枪管和枪膛是分离的，这与其他的枪械有所不同。它通常由三部分组成：枪底把、转轮及其回转、制动装置和闭锁、击发、发射机构。枪底与一般枪上的机匣相类似，上面开有许多槽孔，以便将所有的机构和零件结合在一起，如枪管、框架、握把等；转轮、回转和制动装置通过回转轴固定在框架上，转轮既是弹膛又是弹仓，其上有 5 个 ~7 个弹巢，最常见的是 6 个，故人们又把这种转轮手枪叫“六响子”。

劣势和优势

自动手枪出现后，左轮手枪的一些弱点很快暴露出来，左轮手枪容弹量少，枪管与转轮之间有间隙，会漏气和冒烟，初速低，重新装填时间长，威力较小。所以，作为军队的正式装备，左轮手枪逐渐被自动手枪所代替。

但是，由于该枪有一个特殊优点——可靠，特别是对瞎火弹的处理既可靠又简捷，所以，在一些国家的陆军装备中仍给它保留了一定的地位。而且，美国和西方一些国家的警察对左轮手枪情有独钟。

左轮手枪与刺杀事件

左轮手枪也深受刺客的钟爱，美国有四任总统遇刺都与柯尔特左轮手枪有关。1881 年美国总统加菲尔德遇刺，1901 年美国总统麦金来遇刺，1975 年美国总统福特遇刺，以及 1981 年美国第 40 任总统里根遭暗杀受伤，凶手使用的都是从市场上购买的柯尔特左轮手枪。1995 年，同样的不幸降临到以色列总理拉宾头上。这些都从侧面反映了柯尔特左轮手枪的影响力。

世纪名枪

——柯尔特 M1911A1 手枪

作为世界上装备时间最长、装备数量最多的手枪之一的柯尔特 M1911A1 手枪，由美国著名的天才枪械设计师勃朗宁设计而成，最终由勃朗宁公司的竞争对手柯尔特公司买下专利权并加以出售。1911 年开始，美军即把它定为制式手枪，柯尔特 M1911A1 手枪在两次世界大战、朝鲜战争和越南战争中都有极其出色的表现。1986 年才被换装，退居二线。

兵器档案

型号：柯尔特 M1911A1 手枪
全枪重：1.13 千克
口径：11.43 毫米
初速：253 米 / 秒
有效射程：50 米

设计先进

M1911A1 是 M1911 自动手枪的改进型。它充分利用后坐力原理：子弹内发射药的燃烧气体将弹头推出枪管，此时锁在一起的枪管与套筒因后坐力开始向后滑。弹头射出后，枪管与套筒继续一起向后滑一小段距离，然后枪管尾端以铰链为轴向下摆动。此时套筒内的闭锁凹槽与枪管尾端凸筋分离，不再锁在一起，套筒继续后退，弹壳退出枪膛，弹出弹壳，套筒后退到底。然后复进簧把套筒反弹向前。套筒带动弹匣内下一颗子弹上膛，继续向前，套筒内的闭锁凹槽与枪管尾端凸筋对准，枪管尾端以铰链为轴向上摆动，枪管与套筒再度锁在一起。最后，套筒与枪管继续向前滑一小段距离，枪管回复水平线。

威力巨大

作为世界名枪，M1911A1 优秀的战斗力是举世公认的。在第一次世界大战的西线战场上，有一名叫约克的美军士兵，曾经用一把 M1911A1 手枪成功地俘虏了 132 名德国士兵。M1911A1 手枪最独特之处是它超重的弹头，重约 15.16 克，所产生的威力远远超过 9 毫米的子弹。

忠诚卫士

M1911A1 手枪有着 11.4 毫米的口径，其强大的火力是其他手枪所望尘莫及的。使用这种手枪能给射手带来强烈的安全感。该型手枪还采用了枪管短后坐式自动方式和勃朗宁独创的枪管偏移式闭锁机构，所以具有极强的可靠性，被誉为“忠诚卫士”。

经典战例

在第二次世界大战的太平洋战场上，美军与日军展开了殊死的岛屿争夺战。1942 年 10 月，在瓜达卡纳尔岛的丛林里，一名美军军士用一支 M1911A1 式手枪和两挺机枪交替射击，孤身一人竟然阻止了日军一个中队的自杀式冲锋。第二天破晓时，增援部队才来到阵地，战友们惊奇地发现那名军士还活着，而阵地周围却有一百多具日军的尸体。

军事小天地

手枪的口径

口径，即枪管、炮管的内直径。线膛武器指两条相对阳膛线之间的距离。口径通常以毫米计算，20 毫米以下的称枪，20 毫米以上的称炮。

经典之作——德国瓦尔特 PPK/P38 手枪

作为世界最著名的手枪之一，瓦尔特 PPK/P38 手枪的生产数量极大。德国军队分别于 1929 年和 1931 年装备了该枪。其中 PPK 手枪对第二次世界大战后西德乃至世界的手枪设计都产生了非常大的影响，不过真正让 PPK 手枪家喻户晓的功臣应该是电影《007》系列中的传奇人物詹姆士·邦德。

兵器档案

型号：瓦尔特 P38 手枪
全枪重：0.96 千克
口径：9 毫米
初速：351 米 / 秒
有效射程：50 米

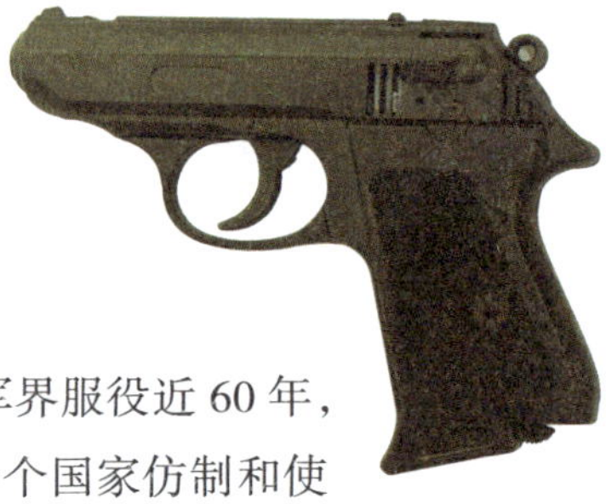

辉煌历史

瓦尔特 P38 手枪拥有非常辉煌的历史，它在军界服役近 60 年，不仅经受了二战的洗礼，在二战后仍被世界数十个国家仿制和使用。它可靠的性能和极高的精确性，无论是在军用还是民用中都受到了广泛的好评，该枪直到 20 世纪 90 年代才逐渐退出历史舞台，结束其辉煌的一生。

简捷制胜

于 1939 年投入生产的瓦尔特 P38 手枪，一经问世便代替了鲁格 P08 手枪，与鲁格手枪相比，该枪设计简单、安全可靠、易于大批量生产。P38 是一种双重制动的武器——在装上弹药、竖起击铁后，可以再松下击铁；在任何时候，可迅速地扳起击铁并扣动扳机打出枪膛内子弹。在危急情况下，迅速开火比瞄准更重要，而该枪仅需简单地扣动扳机就可以完成竖起击铁和射出子弹这一系列动作。

大力生产

到二战快结束时，德国已生产了超过100万支这种手枪，作为自己的制式手枪。1957年，瓦尔特公司开始恢复生产一种轻便型的P38手枪，称为P1型，直到1980年，该枪一直是德国国防军的标准制式武器。在另外一些国家，P38一直服役到20世纪90年代。

独领风骚

作为手枪设计史上的经典之作，PPK手枪的经典设计引导了二战以后世界手枪设计的潮流。其中，伯莱塔公司和勃朗宁公司从PPK的设计中受到了大量启发，设计出一系列经典的自卫型手枪。从此，整个世界的手枪设计都开始朝着PPK手枪的美观外形发展。例如瑞士西格—绍尔公司设计的P220、P226等一系列型号的手枪，均受到了PPK手枪设计的极大影响，并由此成为一代名枪。

间谍之枪

作为一款自动手枪，PPK小巧玲珑、反应迅速、威力适中，因而成为各国谍报人员的首选用枪。时至20世纪90年代，该枪仍然被大量使用。

论火力，瓦尔特PPK比不了大口径手枪，不过相对于它小巧的外形来说，它的实力绝对不容小觑。另一方面它使用方便，在极短时间内即可完成射击动作，从而给它的使用者蒙上了传奇的色彩。

枪械新星
——美国“鲁格”P-85式手枪

概述

“鲁格”P-85是由美国鲁格公司于1987年研制成功的一款现代手枪。这也是鲁格公司生产的第一种军用手枪。“鲁格”P-85选用枪机短程后坐式设计，双排大容量并列式弹匣，设计精美独到，坚固耐用，精确性非常好。

结构特点

兵器档案

型号：“鲁格”P-85手枪
全枪长：198毫米
全枪重：0.934千克
口径：9毫米
枪管长：114毫米

“鲁格”P-85结构简单，全枪只有56个零件；而且没有复杂的零件，分解结合十分方便。瞄准具设计非常独特，准星为刀形，外形低，靠两个横销固定在套筒上，方形缺口照门与套筒滑动过盈配合，在遇风偏影响的时候，照门可作横向移动进行修正，而射手也可以快速发现目标。并获得正确的瞄准图像。

坚固结实

“鲁格”P-85采用勃朗宁式枪管短后坐式工作原理：枪管和套筒一起后坐，由于铰链作用使枪管上下移动。待击时，利用方形的弹膛体与套筒上抛壳口部配合。枪管用不锈钢制成，套筒座用铝合金制成，经过硬化和黑色无光处理。套筒用铬钼钢制成，也经过黑色无光处理。它的击锤突出在外，手动保险机柄在套筒后边，两侧都有。保险时，能够锁住击针、击锤，解脱扳机。该枪可以双动击发，扳机护圈能适应戴手套射击，它的外形很适合射手双手持枪射击。

前途无量
——德国 HK USP 系列手枪

兵器档案

型号： HK USP 系列手枪
全枪重： 0.753 千克
口径： 9 毫米
初速： 285 米 / 秒
弹容： 16 发

德国 USP 系列手枪是 HK 公司第一支专门为美国市场设计的手枪，它的基本设计理念是以美国民间、司法机构和武装部队等用户要求为依据的。在 1993 年休斯敦举行的枪支博览会上，USP 系列手枪第一次向世界展示。同年，USP 顺利下厂生产。USP 能够发射手枪弹中最大威力的 9 毫米枪弹，因为 USP 本来就是按发射 10.16 毫米子弹的规格来设计制造的。任何一种口径的 USP 都有 9 种型号，不同型号间的区别只是扳机方式、控制杆功能和位置的不同，这在客观上给用户很大的选择余地，而且每种型号都可以任意拆换零件，改成为另一种型号。

品质精良

USP 系列手枪采用改进型的勃朗宁手枪的基本结构。枪身由特殊的玻璃纤维塑料制成，枪上部有卡槽，便于安装光学瞄准镜。它各方面的性能均衡，价格便宜，后坐力小，精度和射速都比较高。

USP紧凑型手枪是在1994年美国“突出武器禁止法”制定后问世的，虽然该法规限制了民用枪支的弹匣容量不得超过10发，但USP紧凑型应对的改变不只是弹匣容量的缩小，而是全枪尺寸都被缩小了，连击锤都已经尽可能小到藏在套筒内，这样就非常便于特工将其藏匿在身上。目前，美国已将其装备到海关的特别行动小组，并深受好评。

USP手枪进行了广泛的试验，顺利通过了20000发射击可靠性试验，在干燥、扬尘、泥水、冷冻等极限环境试验中性能表现非常可靠。因此，该枪完全是一款品质精良的手枪，它的结构特点非常突出，充分体现了HK公司全新的手枪设计理念。事实证明，该枪的市场前景非常广阔。

三重保险
——德国瓦尔特 P99 手枪

瓦尔特 P99 手枪是瓦尔特公司于 1996 年开始研制，1999 年开始生产的无击锤式手枪。该枪一改过去击锤式手枪的各种缺点，以其超酷的枪身设计和精致的内部结构领军枪界，成为世界级的手枪明星。

兵器档案

型号：瓦尔特 P99 手枪
全枪长：180 毫米
全枪重：0.71 千克
口径：9 毫米
弹容：10 发 /16 发

人性化设计

P99 手枪的枪身采用聚合玻璃纤维制造，其强度与耐磨性均高于钢材，而且成本低廉，容易制造，不变形，重量轻。另外，P99 手枪握把部分的设计非常人性化，它有 3 种尺寸可供选择，因此能满足不同手掌大小的使用者的需要。

品质精良

为了验证 P99 是否能经受粗暴使用，有人曾将装有空包弹的手枪从近 4 米高的台上扔到地面，而后又浸入水中，然后再使用，结果手枪的各项功能均正常。

三重保险

为了满足德国警察局提出的对警用手枪的需求，P99 手枪设计了较完善的新型保险机构，其保险控制容易、作用可靠、反应迅速，是 P99 手枪最有价值的地方，同时也使 P99 手枪成为手枪中的佼佼者。该枪设有 3 种保险机构：扳机保险、击针保险及待击指示保险机构。另外，击针保险及扳机保险机构也起到了跌落保险的作用。上述 3 种保险机构确保了 P99 手枪在使用过程中的安全可靠性。经测试，P99 手枪在装弹待击的情况下，即使从不同的角度跌落到钢板、水泥地及塑料表面上，也不会击发。

精益求精
——意大利伯莱塔 M93R 冲锋手枪

结构特点

兵器档案

型号：伯莱塔 M93R 冲锋手枪
全枪长：240 毫米
口径：9 毫米
初速：375 米 / 秒
弹容：15 发 /20 发

伯莱塔 M93R 冲锋手枪的自动方式与 92F 式手枪没有多大区别，在套筒左上方增加一个快慢机，可使其进行单发或 3 发点射射击。点射时，该枪可利用折叠枪托和小握把（位于扳机护圈前部）实施腰际夹持射击或抵肩射击，两种射击方式都能有效地控制手枪连发时的枪口剧烈跳动。同时，枪管口部的三个向上开口也能利用火药气体的反作用抑制枪口跳动。

M93R 手枪是目前枪械市场上十分畅销的自动手枪。

种类繁多

M93R 手枪共生产了三种：一代、二代和 AUT09。一代和二代的设计几乎是相同的，但有两点不同：一是一代的滑架相对重一点；二是消焰器的开口式样不同。AUT09 的其他设计与一代和二代的 93R 是一样的，只是外观上 AUT09 大了很多，需要用的枪套也大了很多。

品质提升

作为 92F 手枪的改进型号，M93R 手枪改善了 92F 手枪的许多不足，如威力不足、弹簧力弱，以及瞄准具的准确度不高、缺乏坚固性等问题。近年来，M93R 手枪在欧美市场上的销量呈上升趋势，该枪越来越受到市场的好评和使用者的赞誉。

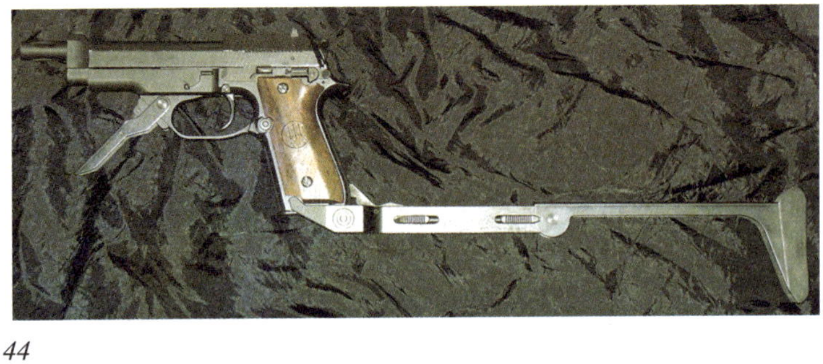

名枪之王
——M1935 勃朗宁大威力自动手枪

威力惊人

M1935 的弹匣容弹量达到了 13 发，与当时流行的自动手枪仅 7 发 ~10 发的弹匣容弹量相比，也是空前的。这使得该枪的使用者拥有更强的单兵火力，在近距离作战中充分显现出了“大威力”的风格。

兵器档案

型号： M1935 手枪
全枪长： 197 毫米
枪管长： 118 毫米
口径： 9 毫米
全枪重： 885 克
弹容量： 13 发

该枪完全由钢件制成，结实耐用，尺寸较传统的勃朗宁手枪明显大，线条简练，给人以粗犷、敦实的感觉。

结构特点

M1935 是一支纯粹的常规单动型军用自动手枪，采用枪管短后坐式工作原理，枪管偏移式闭锁机构，回转式击锤击发方式，带有空仓挂机和手动保险机构。全枪结构简单、坚固耐用。由于该枪生产时间较长，其间几经改进，加上生产厂家较多，细节上有诸多差别，第二次世界大战前比利时生产的标准固定表尺型 M1935 手枪的结构主要部件包括套筒、枪管、复进簧组件、套筒座、弹匣和空仓挂机。

备受青睐

自问世以来，该枪已走过了半个多世纪的风雨历程，特别是经受了二战的战火洗礼，可谓是久经战阵，百战扬名。作为二战中与 M1911 式手枪齐名的大威力手枪，该枪的成功设计，充分发挥了士兵的近战火力，在战争中赢得了一致的好评。同时，该枪还是一支著名的“长寿”武器，仍然是当今世界应用最广泛的手枪之一，有近五十个国家使用或仿制，深受各国军警的喜爱。

美国警界的最爱
——奥地利格洛克系列手枪

世界上第一支大量使用工程塑料的格洛克 17 手枪是奥地利格洛克有限公司的拳头产品，格洛克有限公司创立于 1963 年，坐落于奥地利的瓦格拉姆布。格洛克系列手枪投放市场还不足 20 年，已经成为了 40 多个国家的军队和警察的制式配枪。而且从 20 世纪 90 年代开始，世界各国的枪械制造公司纷纷效法该枪，在手枪中大量采用工程塑料部件。格洛克的整个枪身大部分是由工程塑料整体注塑成型的，只在一些枪身的关键部位才用钢增强，这样不但大大降低了生产成本，而且与其他零件的整体结合精度也得到了大大提高。

兵器档案

型号： 格洛克 17 手枪
全枪重： 0.62 千克
口径： 9 毫米
初速： 360 米 / 秒
有效射程： 50 米

工艺先进

格洛克系列手枪在生产中严格采用先进的工艺，零部件允许的误差几乎可以忽略不计。据说，格洛克手枪刚被引进美国时，在某个枪展上曾做过一次公开测试：技术人员将 20 把格洛克 17 进行完全分解，然后把这些零件摆出来，由在场的一个观众随便挑选零件重新组合成一把枪，然后用这把枪当场射击了两万发子弹，其间一切顺利，没有出现任何问题。

初来乍到

格洛克手枪正式进入美国警用武器市场时，钟情于左轮手枪的德克萨斯州警察一开始并不喜欢一支大量采用工程塑料、没有敞露式击锤而且是自动装填枪弹的手枪，以至于许多警察局几乎是以强迫的方式配发格洛克手枪的。不过当用上了格洛克手枪后，没过多长时间，这些警察很快地喜爱

上了这款新手枪。

品牌特征

格洛克 17 问世之后，格洛克公司陆续开发出不同口径、不同尺寸的一系列格洛克手枪，使格洛克手枪能满足不同用户的使用需求，进一步扩大了市场占有份额。从该型号开始，双重互保装置成为格洛克系列手枪的品牌性特征。从 1997 年开始，格洛克开始推出全新枪形的手枪，除了在握把上增加人性化设计外，还参考了 HKUSP 的设计，即在枪管下方的套筒座位置加上导轨，用以安装光学瞄准具或战术灯之类的配件。

风行警界

由于对大威力手枪弹的兴趣已经减小，而 10.16 毫米史密斯·韦森手枪弹开始在美国警界风行，因此，发射 10.16 毫米史密斯·韦森手枪弹的奥地利格洛克 22 手枪目前风头正劲，受到美国警界的青睐而被大批量采购。许多警察认为，格洛克 22 操作起来和左轮手枪一样简单，而且较之重量更轻、火力持续性更强且携弹量大，故此广受称赞。

由于格洛克的射击稳定性好、射击幅度小、射速高、子弹很快会被打光，所以格洛克公司研发了一种大容量的弹匣，在配置了“加号底座”后，弹容可增加到 34 发。不过由于弹匣太长，为了方便携带，重新更换了“加号底座”的标 7 发弹匣（增容后为 20 发）。

弹药

DANYAO

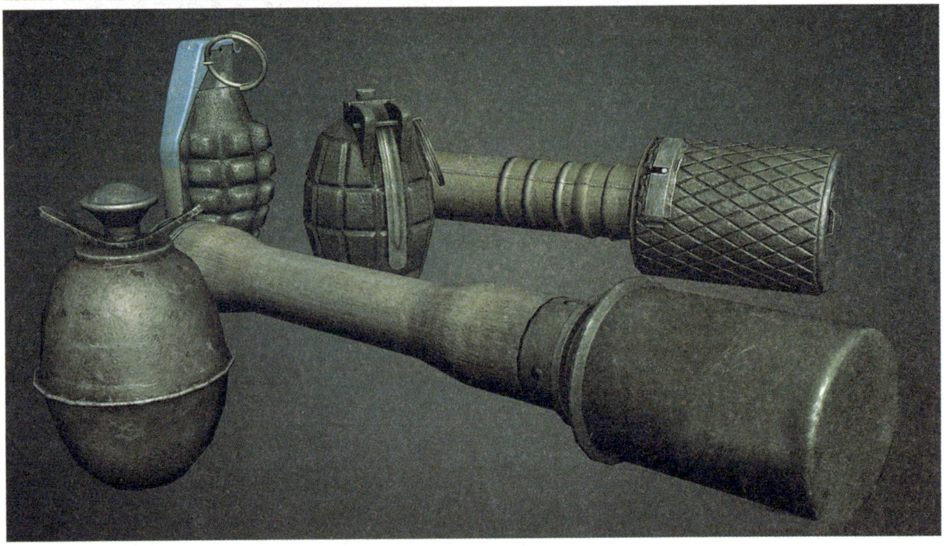

投掷武器

——手榴弹

手榴弹既能杀伤有生目标，又能破坏坦克和装甲车辆，是一种能攻能防的小型手投弹药，也是使用较广、用量较大的弹药。它体积小、质量小，携带、使用方便，曾在历次战争中发挥过重要作用。随着科学技术的发展以及作战思想的转变，手榴弹的地位尽管不如两次世界大战时那样突出，不过作为步兵近距离作战的主要装备之一，在现代战争条件下仍具有重要的使用价值。

手榴弹的历史

最早的手榴弹是中国宋朝出现的一种用手投掷的“火球”。15 世纪欧洲开始出现了装黑火药的手抛弹药。17 世纪中叶，又出现了把火药和铅弹丸或金属碎片装入铁筒内的铁壳手榴弹。1904 年爆发的日俄战争和后来进行的第一次世界大战中，现代手榴弹获得了广泛使用。手榴弹体积小，重量轻，便于携带和投掷。在三四十米以内，火炮已无能为力，手榴弹却能方便地掷出对小群敌人进行杀伤。另外，对于隐蔽部位、枪械射击死角之处，手榴弹可以说是最佳的攻击武器。

结构和分类

作为一种用于投掷的弹药，手榴弹一般由弹体、引信两部分组成。现代手榴弹不仅可以手投，同时还可以用枪发射。按用途，手榴弹可分为杀伤、反坦克、燃烧、发烟、照明、防暴手榴弹以及演习和训练手榴弹，杀伤手榴弹又可分为防御（破片）型和进攻（爆破）型两种；按抛射方式，它又可分为两用（手投、枪发射或布设）、三用（手投、枪发射和榴弹发射器发射或布设）、多用等。

M24 木柄手榴弹

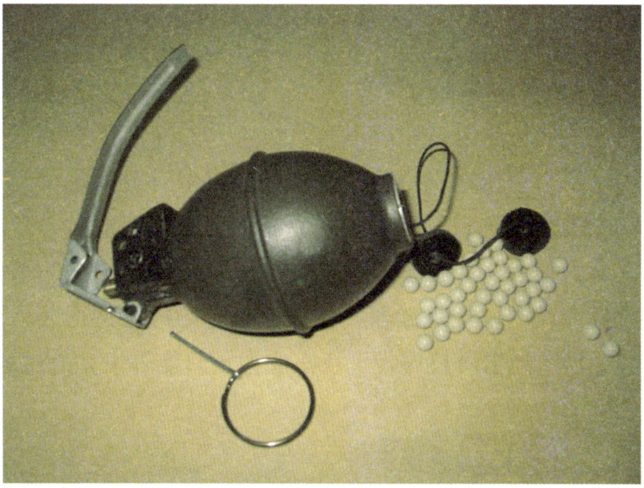

德国是最喜欢使用木柄手榴弹的国家，因为带柄的手榴弹能投得更远，准确性也高，在斜坡上也不易滚落。极富德国特色的 M24 式长柄手榴弹是二战中德军步兵的标准配备，它的体积较大，木柄长得有些夸张，战斗中德国士兵通常将其插在皮带上或插入长筒军靴中。

埋在地下的死神
——地雷

地雷是一种埋入地表下或布设于地面，受目标作用或人工操纵起爆的爆炸性火器，用以直接杀伤敌人的有生力量、破坏敌人的技术装备。地雷按用途可分为反步兵地雷、反坦克地雷和特种地雷等。现代地雷可通过多种方式快速布设，还能起到破坏和阻滞敌方机动的作用。

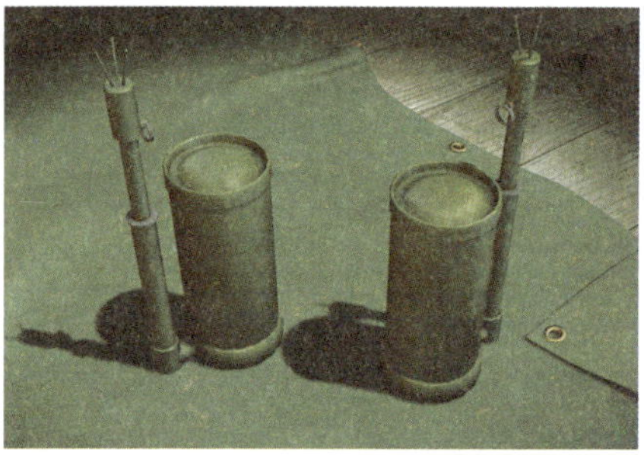

地雷的起源

地雷起源于中国，北宋在抵挡金兵的进攻时使用的一种布设于地下的“火药炮”（即铁壳地雷），就是现代地雷的雏形。19 世纪中叶以后，各种烈性炸药和引爆技术的出现，才使地雷向制式化和多样化发展，从而诞生了现代地雷。在后来的两次世界大战中，地雷得到了广泛的应用。苏军在二战中就曾使用了 2.22 亿个地雷，杀伤德军 10 万人，毁伤坦克、装甲车 1 万多辆。

反步兵、坦克地雷

反步兵地雷是专门用来杀伤步兵的地雷，主要有爆破型和破片型两种，使用压发引信或绊发引信。反步兵地雷中有一种跳雷，其战斗部可在压发后跳到空中爆炸；还有一种子弹雷，踩上后子弹即射出，专门击伤脚掌。反步兵定向雷威力很大，能在步兵前进方向上形成几十米宽的杀伤带。反坦克地雷是一种廉价高效的反坦克武器，按破坏坦克的部位又可分为反履带、反车底、反侧甲和反顶甲地雷。反履带、反车底地雷只能等坦克通过地雷上方时才能起爆。

地雷相关数据

330 亿：如果不再埋设新地雷，清除全球现存所有地雷所需的费用。

2.5 亿：全球储存的地雷数量。

1.1 亿：全球地下的地雷数量。

250 万：每年新埋设的地雷数量。

100 万：1975 年以来防步兵地雷造成的伤亡人数。

10 万：20 世纪以来由地雷造成伤亡的美国人数。

26000：每年因地雷导致的伤亡人数。

1000：清除一枚地雷所需的费用。

350：地雷的种类。

70：每天因地雷造成的伤亡人数。

33：越战期间因地雷造成的美军伤亡百分比。

3：一枚廉价地雷的成本。

（以上数据单位均是美元）

炫目之光
——闪光弹

闪光弹，是一种以强光阻碍对方视力功能的手提炸弹，辅助性武器之一，又称致盲弹、炫目弹、眩晕弹。

闪光弹在高空爆炸时能释放瞬间的刺眼强光，使在附近望着闪光弹爆炸的人短暂失明，从而暂时丧失或减弱战斗判断力，也能损坏坦克上光学器材的膜层，使探测器失去探测能力。另外还有“掩眼法”干扰敌人，以保自身短暂安全。闪光弹本身爆炸时并不会产生攻击性伤害碎片，所以也有用在机舱内部劫机时制服劫机者的用途；另一种闪光弹是定向辐射体，它能专朝一个方向定向地释放大部分的激发能量。

烟雾高手

——烟幕弹

烟幕弹最基本的用处就是给敌人造成视觉上的障碍，如果用得好的话将对阻止敌人的进攻有很大的帮助；烟幕弹也可用来防守，拖延时间，从而给敌人带来心理上的恐惧。

原理

烟幕弹制造烟雾主要靠它的发烟剂，一般都用黄磷、四氯化锡或三氧化硫等物质。烟幕弹由引信、弹壳、发烟剂和炸药管组成。当被发射到目标区域，引信引爆炸药管里的炸药，弹壳体炸开，将作为发烟剂的黄磷抛撒到空气中，黄磷遇到空气立刻自燃，不断生出滚滚的浓烟雾。多弹齐发，就会构成一道道“烟墙”，模糊敌人的视线，给自己的军队创造有利战机。化学中的“烟”是由固体颗粒组成的，“雾”是由小液滴组成的，烟幕弹的原理就是通过化学反应在空气中造成大范围的化学烟雾。

第一次世界大战期间，英国海军曾用飞机向自己的军舰投放含 $SnCl_4$ 和 $SiCl_4$ 的烟幕弹，从而巧妙地隐藏了军舰，避免了敌机轰炸。现代有些新式军用坦克所用的烟幕弹不仅可以隐蔽物理外形，而且烟雾还有躲避红外激光、微波的功能，达到真正的“隐身”。

军用烟幕弹

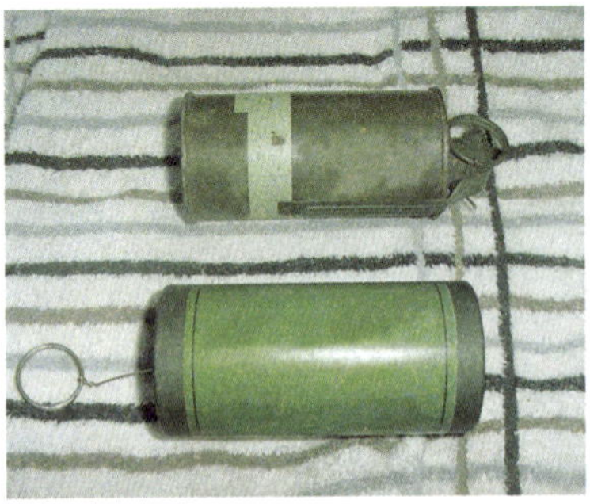

军用烟幕弹的主要特点是发烟时间短，烟雾保持的时间长，并且具有躲避红外线、微波等功能，从而达到真正的隐藏效果。军用烟幕弹经常适用于特种作战，比如人质解救作战、反劫机作战、制服恐怖分子，等等。烟幕弹用途广泛，现为国际社会承认并且常用的特种装备之一。对人体无害，属于非杀伤性武器。

发射器

FASHEQI

肩膀上的火炮——火箭筒

火箭筒是一种装备步兵、发射火箭弹或其他弹药的近战武器，由单兵携带和发射，是各国陆军普遍装备的反装甲武器之一。主要用于近距离攻击坦克、步兵战车、装甲运输车、军事器材和野战工事，也可用来杀伤有生目标或完成其他战术任务。

最早的火箭筒

二战期间，美国陆军上校斯克纳和中尉厄尔一起，用不到一年的时间研制成功一种口径为60毫米的肩射式火箭筒——“巴祖卡”。“巴祖卡”于1942年11月在北非战场首次投入实战，打击德军装甲部队的效果极佳，马上风靡于世，各国后来纷纷效仿设计了类似的火箭筒武器。

结构特点

火箭筒由发射筒和火箭弹两部分组成，发射筒上装有瞄准具和击发机构。火箭弹是靠火箭发动机推进的非制导弹药，后部装有稳定尾翼，弹头多为破甲弹或榴弹。发射筒由于不承受任何压力和后坐力，自然构造简单，成本低廉。目前世界上新研制的火箭筒多为发射筒和包装筒合一的一次使用型，价格仅在 1000 美元左右，也就相当于一枚 120 毫米反坦克炮弹的价格。

“阿皮拉斯”火箭筒

“阿皮拉斯”火箭筒是法国马尼汉公司研制的一种重型反坦克火箭筒，1985 年开始服役，其射程、威力均居当时火箭筒之榜首。

“阿皮拉斯”在研制时就被要求能击穿 20 世纪 80 年代所有主战坦克的装甲，同时可以在 200 米距离上穿透 2 米厚的钢筋混凝土墙。1991 年海湾战争时，法军使用“阿皮拉斯”发射的一枚火箭弹竟穿透了五层墙壁。

收缴无望

RPG-7 火箭筒是伊拉克陆军的主要装备之一，也随着逃亡的伊军士兵流入民间。

尽管在伊拉克战争期间，RPG-7 火箭筒攻击美军现役的 MIA1 坦克收效不大。不过随着战场从前线阵地转移到城市中，它逐渐成为攻击美军吉普车、直升机、哨卡的理想武器。众多的国际恐怖组织在全球的武器黑市上以 200 美元的价格大肆收购 RPG-7 火箭筒，这让想彻底收缴 RPG-7 火箭筒的美军头痛不已。

手中的火炮
——榴弹发射器

兵器档案

型号： M203 榴弹发射器
口径： 40 毫米
最大射程： 400 米
面杀伤： 350 米
点杀伤： 150 米

榴弹发射器是一种采用枪炮原理发射小型榴弹的短身管武器。它体积小、火力猛，有较强的面杀伤威力和一定的破甲能力，能为步兵提供持续火力支援，有“步兵手中的大炮”之称。它的外形和结构酷似步枪或机枪，也可分为单发、半自动和全自动几种类型。

M79 榴弹枪

M79 榴弹枪首次在越南战争中崭露头角。它有着大型枪膛和铰练式枪机的设计，与一些大口径的截断式霰弹枪的外形十分相似。它能够发射许多种不同作用的 40 毫米榴弹，包括炸药、人员杀伤弹、烟幕弹、鹿弹（buck shot）、镖弹（flechette）和燃烧弹。在越战之后，M79 本身的成功使得它的继任者的开发迫不及待，因而出现了 M203 榴弹枪，但即使如此，M203 在准确度或射速上并没有比它的前身优秀。

1961 年，第一把 M79 送到了在越南的美国陆军手上。它们被定位为近距离的支援武器，以填补手榴弹和迫击炮两者攻击距离之间的空隙（后者是 50 米到 300 米），给予了小班制的士兵十分强大的攻击力。由于它的重量轻巧以及不长的长度，证明了它在丛林游击战中十分有用处。

M203 榴弹发射器

M203 式外挂式榴弹发射器是一种 40 毫米口径、后装填、线膛式单发武器，可以发射高爆弹和特种弹，重 1.36 千克，最大射程可达 400 米，与 M16 突击步枪结合，使 M16 步枪具备了点、面杀伤的能力。现今美军每个机械化步兵班都装备了两具 M203。

当 M203 榴弹发射器挂在 M16 或 M4 突击步枪的枪管下时，需要利用弹匣体作为握把。M203 榴弹发射器可发射高爆弹、烟幕弹、照明弹、霰弹、CS 毒气弹和训练弹。M203 榴弹发射器有多种型号，有些枪管长度不同，有些是附挂的形式不同，其中一些可快速拆卸。

GP-25 榴弹发射器

20 世纪 60 年代，美国的 M203 式榴弹发射器研制成功，使苏联的轻武器设计专家们受到了很大的震动，于是也开始研制枪挂式榴弹发射器。第一个窄型的产品为 GP-15。随后在 GP-15 型榴弹发射器的基础上发展出了 GP-25 型榴弹发射器，1981 年开始装备苏军部队，并在 1984 年首次在阿富汗战场露面。该榴弹发射器目前仍然是俄军步兵班配备的武器，并在车臣战争中大量使用。

GP-25 型榴弹发射器可以加装到俄罗斯各种现役或新研制的步枪和冲锋枪上，包括 AK-47、AKM、AK-74 突击步枪等。GP-25 型榴弹发射器既可平射也可以曲射，用于摧毁 50 米 ~ 400 米射程内暴露的单个或群体目标，或隐藏在障碍物后、掩体后、散兵坑内或小山丘背面的目标。GP-25 型榴弹发射器是通过锁定销固定在枪身上的，装卸时需要专用工具。

灵活机动的 HK69 型榴弹器

HK69 型榴弹发射器为滑动后装式单发榴弹发射器，它全长 390 毫米，重 1.6 千克，发射管由铝合金制成，小握把上装有扳机和保险机。HK69 榴弹发射器与同类型的 40 毫米榴弹发射器相比，具有体积小、可靠性高、反应速度快的优点。

Chapter 2

第二章

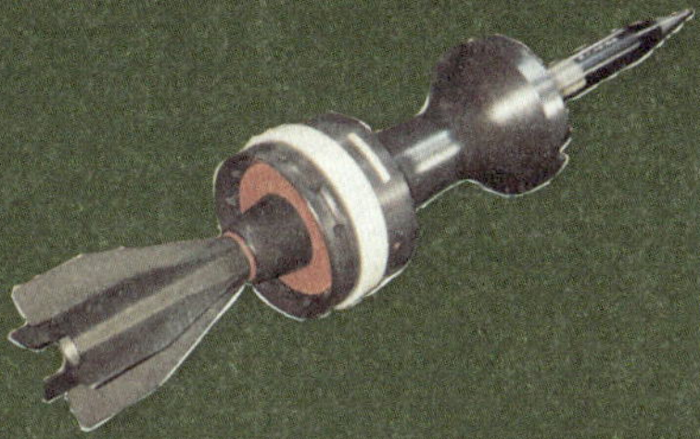

陆战武器

火炮

HUOPAO

开路战神

——美国 M109 自行榴弹炮

M109 型自行榴弹炮是世界上装备数量和国家最多、服役期最长的自行榴弹炮之一。第一辆样车于 1959 年由美国联合防务公司研制生产，第一台是 155 毫米履带式自行榴弹炮——M109 系列榴弹炮，于 1963 年开始装备部队，至今已发展了从 A1 到 A6 等多种型号，出口 30 余个国家和地区，是目前世界上装备国家最多、装备数量最多和服役时间最长的自行火炮。M109 榴弹炮可以用飞机空运，作为美军的主力自行榴弹炮，可以为重型机械化部队提供火力支援。

兵器档案

型号： M109 自行榴弹炮
战斗全重： 24 吨－25 吨
射程： 14.6 千米
最大速度： 56.3 千米 / 小时
最大行程： 354 千米

引领潮流

M109 榴弹炮引领了自行火炮的发展潮流，它在研制时首次采用了专用底盘。它的炮塔位置靠后、动力装置前置等总体布局具有现代典型自行榴弹炮的各种特点。M109 榴弹炮的口径为 39 倍口径，可以发射北约标准的各种弹药，以及“铜斑蛇”激光制导炮弹。

数字化火炮

M109 系列榴弹炮的最新型号 M109A6“帕拉丁”自行榴弹炮是目前美军的主要装备，也是美军用于数字化战场的第一种武器系统。它在反应能力、生存能力、杀伤力和可靠性方面都有大幅提高，火控系统和电子设备尤其先进，2003 年的伊拉克战争爆发伊始，美军第 3 机械化步兵师的“帕拉丁”榴弹炮首先对科伊边境伊军阵地进行了猛烈炮击，被誉为“开路战神”。

中东的“火炮之王”

以色列陆军于 20 世纪 80 年代开始接收 M109 自行榴弹炮。到 1988 年，以色列炮兵部队中仅有一个营没有装备 M109 榴弹炮。2000 年，以色列对自己的 M109 榴弹炮进行了改进。炮兵间不再需要语音通信，而是直接以计算机传递命令，从而使炮兵部队的反应时间由原来的 30 分钟缩短到 5 分钟内。在以色列陆军中，M109 榴弹炮被士兵们亲切地称为“罗切夫”（骑士）。M109 榴弹炮已经成为以色列军中仅次于“梅卡瓦”坦克的重型装备。

曲射之王
——迫击炮

迫击炮的名称来源于它可以“迫近射击”和“迫击发射”，属于一种轻型火炮。它的炮身很短且炮口上仰、以座钣承受后坐力，弹道弧线很高、发射带尾翼弹，是支援步兵作战的一种有效武器。迫击炮几乎不存在射击死角，它的最大本领是杀伤近距离或在山丘等障碍物后面的敌人。

迫击炮的诞生

1904年日俄战争期间，俄国占据着中国要塞旅顺口，日军对俄军展开猛攻，挖筑堑壕一直逼近到距俄军阵地只有几十米的地方，在这种情况下，俄军很难用一般火炮和机枪杀伤日军。这时，一位俄国炮兵大尉将一种老式的47毫米海军炮改装在带有轮子的炮架上，并且以大仰角发射一种长尾形炮弹，有效地杀伤了堑壕内的日军，打退了日军的多次进攻。这就是世界上最早的迫击炮战例。

现代迫击炮的发展

现代迫击炮重量轻，操作简单，适合于射击近距离的隐蔽目标，甚至可以在楼房的一侧越过楼顶向另一侧射击，迫击炮的这些优点深受士兵们喜爱。目前迫击炮的发展很快，出现了后装的线膛迫击炮，以及曲射平射两用的迫榴炮，另外还有自动连发的迫击炮等。大口径迫击炮也正在逐渐趋于自行化。

迫击炮的炮弹

为了减轻飞行中的空气阻力，现代迫击炮弹都为水滴状，尾部还装有片状尾翼，用来防止弹丸在空中飞行时翻跟头。不过这种形状的迫击炮弹是在第一次世界大战末期才开始出现的。早期的迫击炮弹采用的是超口径弹，即炮弹直径比炮管的口径还粗，这种炮弹的命中精度非常差。

自行迫击炮

早期的自行迫击炮非常简单，它由普通的装甲运兵车改装而成，把舱顶开放，再将普通迫击炮往里面一放，从车辆里面发射炮弹即可。同时它也可以下车作战，使用更加灵活，大大提高了机动能力。随着后来后装迫击炮的出现，开始专门为其设计炮塔并配套相应的轮式或履带式底盘，目前这种自行迫击炮已成为各国发展的重点。

L-16 系列迫击炮

英国皇家军械研究和发展局研制，皇家军械厂生产的一种 81 毫米中型迫击炮——L-16 系列迫击炮是当代最好的 81 毫米迫击炮之一，共有 39 个国家装备，其改进型 L-16A2 还装备了美国陆军和海军陆战队，美军称之为 M252 式。L-16 迫击炮由炮身、炮架、座钣、瞄具各部构成，炮身为高强度合金钢整体铸造，炮管后部刻有散热螺纹，独特的 K 形脚架行军时可折叠，另外还配有夜瞄装置和迫击炮计算机。

过气刺客
——高射炮

高射炮指从地面向飞机、直升机和飞行器等空中目标射击的火炮，也可简称为“高炮”，分为牵引式和自行式两种。高射炮具有身管长、射击准确、射速高的特点，多数配有火控系统。

高射炮的诞生

1870 年普法战争期间，为对付法军的气球，普鲁士军队专门制造了一门 37 毫米口径的火炮，向空中射击，这种“气球炮”就是现代高射炮的雏形。1906 年，德国人又研制了世界上第一门真正意义上的专用高射炮，以对付空中飞行的飞机和飞艇等飞行器的威胁。

罕逢敌手

德国的 88 毫米系列高射炮是二战中最具有传奇性的高射炮。作为一种防空利器，88 毫米高射炮却以无与伦比的反坦克能力闻名于世，不过这当然也要归功于德军对它的灵活使用。一次战斗中，88 毫米高射炮击中了一辆距离它 400 米的苏军 T–34 坦克，在后部被击中后，整个坦克发动机被巨大的冲击力击出 5 米，而坦克炮塔上的指挥塔也飞到了 15 米以外。直至大战结束前，仍没有任何盟军坦克能抵挡它的正面一击。

发展中的高射炮

一战中，因为采用直瞄方式射击，命中率极低，用高射炮击落一架敌机平均耗弹达 1.1 万发。到二战时，高射炮已使用动力操作，射速更高，并配以机械式指挥仪、测距机甚至炮瞄雷达等辅助设备，大大提高了作战性能。

环射高手
——美国 M198 牵引式榴弹炮

从 20 世纪 80 年代到 21 世纪初，M198 榴弹炮是美国陆军装备的唯一一种牵引式重型榴弹饱。因为该炮大量采用了轻金属，所以全炮重量成为同等口径和射程火炮中较轻的。该炮可以在短时间内实现 360° 环射，应变能力很高。M198 榴弹炮由四大部分组成：M199 式炮身、M45 式后坐装置、瞄准装置和 M39 式炮架。

兵器档案

型号： M198 牵引式榴弹炮
口径： 155mm
乘员： 10 人
初速： 563.9 米 / 秒
最大射程： 22000 米 ~30000 米

当家火力

美国陆军曾部署“斯特莱克”轻型装甲旅，以参加伊拉克战争和发生在城区的紧急事件。这种快速部队的主要火力支持就是 M198 榴弹炮。按照五角大楼的设想，每个“斯特莱克”旅都配备了 1 个装备 M198 榴弹炮的炮兵营，而这个营的 24 门 M198 榴弹炮将为快速旅提供主要的火力支持。

高危“铜斑蛇”

除了可以使用普通爆破榴弹外，M198 榴弹炮还可以使用发烟弹、照明弹、燃烧弹。不过最让 M198 榴弹炮自鸣得意的还是“铜斑蛇”激光制导炮弹。一线步兵只要使用激光指示器照准目标，炮兵把“铜斑蛇”发射到目标上空，弹头即可自动寻敌，不过缺陷是“铜斑蛇”炮弹价格昂贵，单枚造价就达到了 7 万美元。

坦克

TANKE

上将之名

——美国 M1A1 主战坦克

作为美苏对抗的产物，M1A1 坦克是美军为了对抗数量庞大的苏联坦克部队而采购的。到 1987 年 5 月为止，美国陆军共装备了 4100 多辆 M1A1 坦克。目前该坦克主要装备美国驻欧洲部队，美国国内仅有陆军第三装甲骑兵团装备。

兵器档案

型号： M1A1 主战坦克
战斗全重： 57 吨
乘员： 4 人
主要武器： 120 毫米滑膛炮
最大速度： 72.42 千米 / 小时
公路最大行程： 498 千米

上将之名

以著名的陆军将领的名字来命名坦克和装甲车辆这类陆军突击武器，是美国陆军的习惯，M1A1 坦克是以 1972 年美国陆军参谋长、上将艾布拉姆斯的名字来命名的，继承了美国陆军的传统。

超强装备

M1A1 坦克主炮采用了射程更远、威力更大的 120 毫米滑膛炮。根据不同的需要，该炮能使用 XM830 型反坦克炮弹、XM829 型动能弹（配贫铀穿甲弹头）、XM827 型贫铀穿甲弹等各种新弹，能穿透 70 毫米厚的装甲板，且配有信息装置，使火炮随时都能瞄准有效射程以内的任何目标。1500 马力的功率让 M1A1 主战坦克在战斗中能够快速地转移阵地、变换射击位置、灵活地躲避对方射击，并且以高速的冲击令对方措手不及。此外，该坦克还配备有先进的夜视战斗系统，能够在黑夜进行卓有成效的攻击。

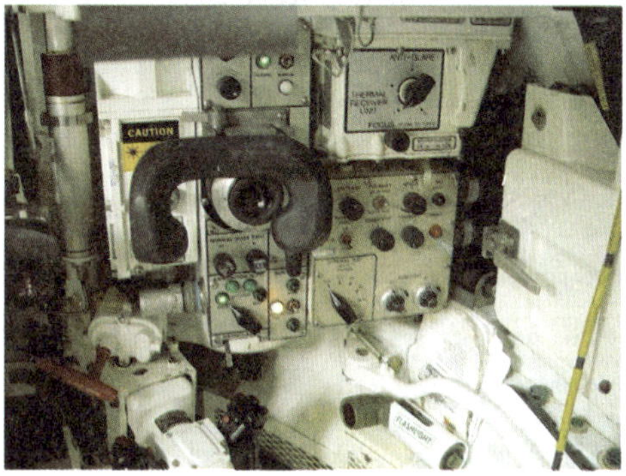

贫铀装甲

从 1988 年 6 月以后新生产的 M1A1 坦克开始采用贫铀装甲，车重也从 57.1 吨增加到 58.9 吨。这种新式贫铀装甲的密度是钢装甲的 2.6 倍，经特殊生产工艺处理后，其强度可提高到原来的 5 倍，所以坦克防护力大为提高。在伊拉克战场上经常出现的情景是，伊军的 T-72 坦克几发炮弹连续命中 M1A1 坦克的前装甲，可是后者还能继续战斗。

耗油老虎

一部 1500 马力的燃气轮机是 M1A1 坦克的“心脏”，它让体重接近 60 吨的坦克可以用 60 多千米的时速在公路上高速行驶。不过，缺点是 M1A1 坦克的这部心脏实在是太耗油了，以至于每次它一出动，后勤部门的油料供给车都必须全力跟随。

烈火金刚
——俄罗斯“TO－55喷火坦克”

兵器档案

型号：TO－55喷火坦克
喷射方式：液柱式
喷射距离：200米
油瓶容量：35升
喷射次数：12次
公路最大行程：60千米

坦克“喷火器”

实际上，“TO-55喷火坦克”的设计原理很简单，它就是坦克和喷火器的奇妙结合，即在坦克上加装一套专门的喷火装置——ATO-200型喷火器。这种喷火器是一种装在炮塔内的、可以多次喷射的喷火器，在其短而粗的喷火口侧并列机枪的位置伸出。当“TO-55喷火坦克”在战场上疾驰时，不但可以射出炮弹，还可以喷出一股股燃烧猛烈、冒着黑烟的胶状油柱，好似一条条火龙从“炮口”向敌方阵地飞去，威力巨大。

喷火的秘诀

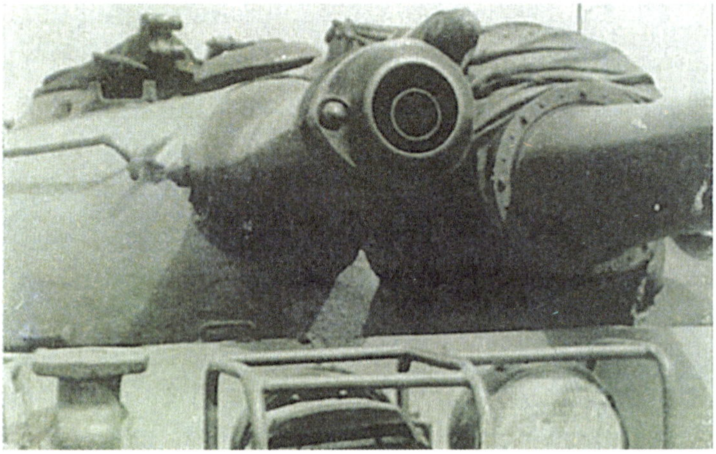

该坦克的喷火器由液体部分、气体部分、点火系统和保险系统组成，而喷火设备则包括空气、油料和电气系统。其实“TO-55喷火坦克”喷火的奥妙全在于喷火

器部分。射手按下按钮，电路接通，电点火管先点燃喷嘴；与此同时，也点燃火药管，进入油瓶的油料被火药气体所推动的活塞压出喷嘴，再经喷嘴火苗点燃而形成火龙飞出。转鼓轮转动，准备下次击发，进行新的喷射。

该喷火器与其他喷火器的不同之处在于转鼓上装有12个油料点火管和12个火药管。每击发一次，活门便随着转鼓转过一个位置，一共可击发12次。油料的供应也全按击发指令，一次一瓶地由油料桶经输油管、活门传送到待射的油瓶中。

巨大火威

“TO-55喷火坦克”威力惊人，它全部油料容量为460升，每次喷射油料35升，足够喷射12次。每分钟可喷射7次，油料出口速度为100米/秒，喷射距离可达200米。对远距离目标，它可以进行炮击；而对近距目标则采用喷火的攻击方式，以收到最理想的效果。

该坦克在行进途中能在两分钟内喷射出420升油料，在敌目标或敌前沿阵地造成火海，有效地杀伤有生力量，摧毁明碉暗堡，破坏装备器材，为进攻开辟道路，迫使敌人放弃阵地。如果把它用在防守端，还可以为前沿防守部队设置层层火障。

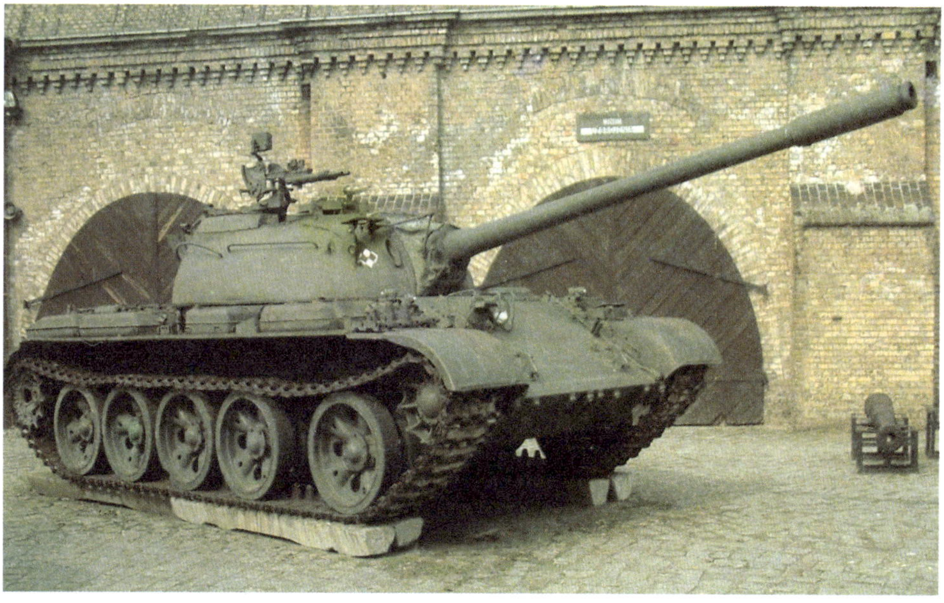

坦克之王
——德国“豹”Ⅱ主战坦克

德国“豹”Ⅱ系列坦克是在“豹”Ⅰ坦克的基础上发展起来的一款优秀的主战坦克，在世界所有现役主战坦克中，它的综合性能是最优秀的。1998年以来，在各种组织评选的《世界坦克排行榜》上，“豹”Ⅱ坦克的各种改进型号（A5和A6）一直占据着第一的位置，堪称现役主战坦克中的王者。

兵器档案

型号：“豹”Ⅱ主战坦克
战斗全重：55.15吨
乘员：4人
主要武器：120毫米滑膛炮
最大速度：72千米/小时
公路最大行程：550千米

火力之王

莱茵金属公司制造的120毫米滑膛炮是“豹”Ⅱ坦克的火炮，这种火炮一出现就成了坦克炮中的经典之作。此后，莱茵金属公司对该炮进行了改进，其中最新的“豹”Ⅱ A6坦克上安装了最新型的RH-L55型120毫米滑膛炮，该炮在常温下可以轻松穿透900毫米的均质钢甲，可谓是当之无愧的现役坦克火力之最。

杰出防守

作为西方最早使用复合装甲的主战坦克之一，设计者称，“豹”Ⅱ坦克在设计过程中，乘员的生存能力被放到了20项要求的首位。这样做的结果是，在西方坦克普遍担心苏联125毫米坦克炮的威力时，“豹”Ⅱ坦克的早期型号已经可以抵御125毫米钢芯炮弹的打击。由于加装了楔形复合装甲，最新型的“豹”Ⅱ A6坦克更是在防御上走到了世界前列。

欧洲豹

“豹”Ⅱ坦克凭借其优异的性能、良好的可靠性、适中的价格，迅速赢得欧洲各国的青睐，已经从“德国豹”发展成为了“欧洲豹”。自1972年研制成功后，“豹”Ⅱ坦克先后装备了德国陆军2125辆、荷兰445辆、瑞士380辆、西班牙325辆、瑞典280辆（以上为1998年数据）。

超强的机动性

坦克动力的源泉是发动机，“豹”Ⅱ坦克安装的强劲有力的MB873ka-501发动机确保它拥有超越极限的机动性能。“豹”Ⅱ坦克曾做过一个著名的实验：让坦克在原地做固定地转向。灵活的“豹”Ⅱ坦克在10秒钟之内转动了5圈，而坦克主炮的指向却没有任何变化，由此可见“豹”Ⅱ坦克超强的灵活性。

沙漠金刚
——以色列“梅卡瓦”主战坦克

作为一种先进的第三代主战坦克，以色列的“梅卡瓦”坦克于20世纪60年代末开始研制，它在设计时遵循着先防护、后火力、再机动的原则，这让“梅卡瓦”坦克成为了最重视防护和生存性能的主战坦克。

兵器档案

型号：“梅卡瓦”3型主战坦克
战斗全重：61吨
乘员：4人
主要武器：120毫米滑膛炮
最大速度：55千米/小时
公路最大行程：500千米

防御至上

经历过四次中东战争后，以军意识到其兵源匮乏的致命弱点，所以一再强调，为了减少战时的人员伤亡，坦克的防护能力是最重要的。为了满足军方的要求，“梅卡瓦”坦克的设计者极富想象力地将坦克发动机布置在乘员舱的前方，这样即便炮弹击穿了坦克的前装甲，也是打在发动机上，很难打进乘员舱内，车内乘员活命的概率得到了很大的提升。

优秀的攻击力

“梅卡瓦”坦克的早期型号MK1型装备的是1门105毫米的坦克炮，可发射威力巨大的穿甲弹。在1982年以色列和黎巴嫩的战争中，105毫米的坦克炮就曾对叙利亚的T-72坦克造成过重创，这也让人对这门“小炮”刮目相看。后来，在“梅卡瓦”的后续型号MK3和MK4上，全部改装了120毫米的坦克炮，打击能力得到了进一步的提高。

特殊后门

“梅卡瓦”坦克采取发动机前置，所以坦克后部有一个尾舱，可以用来储存炮弹或者存放4副担架，或者搭载8名步兵。车体后面有3个门，左边是电瓶装卸门，右边是三防装置保养门，中间门供上下人员输送炮弹，也利于坦克乘员逃生。

巨大的载弹量

通过多次战争，以军发现，在紧张激烈的战斗中，坦克携带弹药数量的多少对决定战斗胜负同样有着重要的意义。因此，定型后的“梅卡瓦”-1型坦克成为目前世界上携弹量最大的坦克，能携带92发炮弹。而美国的M1A1坦克和俄罗斯的T-90坦克仅能携带40发炮弹。尽管后来的“梅卡瓦”-3型坦克换装了120毫米的火炮，但仍能携带50发炮弹。

缓慢的速度

“梅卡瓦”坦克的速度相对来说并不快，它每小时可以在公路上行驶46千米，速度从0到32千米/小时需要13秒，虽然这比第二次世界大战中的那些坦克要快上很多，不过和M1A1、“豹”Ⅱ系列坦克50千米～60千米/小时的速度相比还是要慢很多。不过“梅卡瓦”坦克在沙漠中的越野速度却并不慢，所以在实际战斗中也并不吃亏。

装甲车/战车

ZHUANGJIACHE/ZHANCHE

法兰西轻骑
——法国VBCI轮式步兵战车

VBCI战车是法国陆军装备的最新型8轮装甲战车。该车共包含两种车型，分别为指挥车和步兵战车。其中，步兵战车战斗全重30吨，可搭载乘员3人（车长、炮长和驾驶员），载员8人，装备单人炮塔，最大行驶速度100千米/小时，可通过A400M运输机实施空运。

兵器档案

型号： VBCI轮式步兵战车
战斗全重： 26吨
车长： 7.8米
乘员： 2+9人
主要武器： 1门25毫米M811电动自动炮和1挺7.62毫米并列机枪
公路最大行程： 780千米

武器系统

VBCI装备有1门25毫米M811电动自动炮和1挺7.62毫米并列机枪。机枪在炮塔的外部右侧，并装有钢罩。M811炮具有

单发、3发、10发和自由点射多种射击模式，可发射北约制式25毫米×137毫米弹药，包括尾翼稳定脱壳穿甲弹，该弹能击穿1000米距离上85毫米厚的轧制均质钢装甲。炮塔内有169发待发弹，车身贮存240发。炮塔为电驱动，横向稳定，M811自动炮由EADS火控系统实现纵向稳定。

装甲防护

VBCI采用承载式车身结构，由高强度铝装甲板焊接而成，是世界上第二种铝装甲轮式步兵战车。铝装甲外还加装附加装甲以增强车辆的防御能力。VBCI还可以提高防护水平，加装钛合金装甲后，其弹道防护水平能达到北约标准6级，可抵御比25毫米自动炮发射的脱壳穿甲弹更严重的威胁。

与美国“斯特赖克”之比较

VBCI装甲车一经问世便跻身世界先进装甲车之列，与美国的“斯特赖克”装甲车相比，它具有车内空间大、机动性强、扩展空间充足、模块化程度高以及防护力强等诸多优势。但是，在信息化方面，VBCI装甲车的战场管理系统就无法与美军的“斯特赖克”相比了。

“斯特赖克”安装的21世纪旅及旅以下作战指挥系统（FBCB2）将可通过陆军战术指挥控制系统（ATCCS）与陆军全球指挥控制系统相联通。也就是说，一辆“斯特赖克”车不仅能够与陆军诸兵种的某一平台直接取得联系，甚至还可以直接呼唤海军或空军的支援。

就目前来看，VBCI步兵战车上所装备的SIT战场管理系统还远未达到“斯特赖克”车的水平。而战场管理系统如果不能将包括步兵部队、坦克装甲车辆、火炮以及飞机在内的所有战斗要素连接起来的话，就不能最大地发挥作战效能。因此，法国陆军在今后还将继续对战场管理系统进行改进和完善。

陆战先锋
——美国“斯特莱克”轻型装甲车

“斯特莱克”装甲车是美国通用公司地面分部研制的一种轮式装甲车，也是20世纪80年代美国陆军开始装备M2“布雷德利”步兵战车以来采购量最大的装甲车辆。

兵器档案

型号：“斯特莱克”轻型装甲车
战斗全重：17.2吨
乘员：2人
主要武器：105毫米滑膛炮
最大速度：100千米/小时
公路最大行程：500千米

超强的机动性

“斯特莱克”车族中的人员输送车的战斗全重低于19吨，最重的医疗救护车战斗重量为16吨多，这大大提高了美军旅级战斗部队的战略空运能力和战区部署能力，达到能在96小时内将一个旅级战斗部队部署到世界任何地方去的要求。

完美的通用性

在以人员输送车为基础加以改进之后，“斯特莱克”装甲车发展出多种型号，一个旅之内的各型车辆之间具有85%的部件通用率。一个由各种型号的“斯特莱克”装甲车装备起来的战斗旅的使用与维护费用估计为每年470万美元，与一个重型旅每年需要的760万美元相比，使用与维护费都大为减少。

攻击力

“斯特莱克”装甲车的武器为12.7毫米机枪和40毫米自动榴弹发射器。根据型号的不同，一部分火力支援型“斯特莱克”还安装了25毫米机关炮，60毫米、81毫米或120毫米口径的不同制式迫击炮，以及“陶”式反坦克导弹发射器。这些装置赋予“斯特莱克”装甲车更强大的火力，帮助轻型旅级战斗部队应付中等程度的战斗。

亚瑟王神剑
——英国“武士”步兵战车

“武士”步兵战车是一种履带式步兵战车，是英国地面装甲力量的重要组成部分。作为一种经历过海湾战争和伊拉克战争考验的步兵战车，“武士”的优异性能是有目共睹的。该车 1984 年 11 月被英国陆军列为装备车辆，1995 年最后一批订货交付使用。

兵器档案

型号：“武士”步兵战车
战斗全重：24.5 吨
乘员：3 人
主要武器：30 毫米机关炮
最大速度：75 千米 / 小时
公路最大行程：750 千米

“武士之眼”

“武士”步兵战车配有屏幕显示器，该显示器通过一条数据总线与车内主计算机相连，可显示由驾驶员热像仪、后视摄像机、装在炮塔上的摄像机提供的图像。屏幕显示器能移动到载员舱的中央位置，使所有步兵都能看到，因为步兵在下车战斗前能充分了解到所处的地形、敌情及友邻情况，所以往往能根据实际情况而采用正确的战术动作。

取消的射击孔

结构上，“武士”步兵战车的最大特点就是它取消了战车上的射击孔。近年来，许多设计者逐渐认识到靠步兵手中的武器在颠簸的车中对外射击，作用并不大，步兵战车的主要武器还是机关炮和机枪。所以近年来新研制的步兵战车都将射击孔从 7 个 ~ 9 个减少到 2 个 ~ 3 个，不过像“武士”步兵战车这样一个都不要的，还真是绝无仅有。

灭火装置

“武士”步兵战车内装有两个灭火气罐，气罐通过出口进入环绕动力舱的喷气管中。一旦战车舱内着火，乘员用手动触发装置将灭火装置打开，第一个灭火气罐在4秒钟内就能喷出灭火剂，从而有效地防止二次伤害的发生。第二个灭火罐是备用的，在车体外部也有手触发装置，可以遥控操纵灭火装置灭火。

战场出租车

步兵战车一般都携带反坦克导弹，不过“武士”步兵战车没有安装这些，这在步兵战车中是非常少见的。因为英国的军事专家认为，步兵战车只是用来对付敌人步兵和轻型车辆的，攻击敌方坦克的任务，应由坦克和专门的反坦克车辆去完成。鉴于“武士”步兵战车的这种战斗设计，人们给它起了一个“战场TAXI（出租车）”的外号。

沙漠扬威

“武士”步兵战车在海湾战争中的表现可圈可点。英军第七装甲旅的69辆“武士”步兵战车在恶劣的沙漠环境中急行军300千米后，全部都能投入战斗，没有一辆战车出现故障。伊拉克战争中，正是“武士”步兵战车及时将步兵送到了巴士拉和纳西里耶巷战的前沿，才加快了战争的进程。

水陆威龙
——美国 AAV7 系列两栖战车

AAV7 系列两栖突击车是陆战师两栖突击营的专用装备，在经过两次改进以后，同其他两栖装甲车相比，其水上性能和装甲防护能力属世界一流，其车载武器配置多样，可根据作战任务的需要选用安装机枪、自动榴弹发射器或反坦克导弹等武器的各种车型。

兵器档案

型号：AAV7
战斗全重：22 吨
车长：7.943 米
乘员：3+25 人
主要武器：M85 式 12.7 毫米机枪
最大速度：72 千米 / 小时
公路最大行程：482 千米

结构与众不同

AAV7 采用铝合金装甲焊接结构，装甲板厚度为 30 毫米 ~ 45 毫米，能防御轻武器、弹片和光辐射烧伤。车体密封性能良好，车身呈流线型，能在浪高 3 米的海面上正常行驶，并且全车可在水中浸没 10 秒 ~ 15 秒。

车内有 3 名乘员，分别担任驾驶员、车长和武器发射手。驾驶员舱门座上布置有 9 具潜望观察镜，可进行 360° 全方位观察，正前方的潜望镜还可换成 M24 型红外夜视潜望镜，供驾驶员夜间驾驶车辆时使用。车长舱门向正后方开启，舱门座四周装有 8 具固定潜望镜，正前方有 1 具可升高的 M17C 潜望镜，以便车长能够越过驾驶员舱门盖观察前方；车体前部右侧有 1 座全封闭型枪塔，枪塔采用电液驱动方式，可旋转

360°。枪塔内装有1挺M85式12.7毫米机枪，机枪的高低射角为-15°～+60°，射速有1050发/分钟和450发/分钟两种，弹药基数为1000发。

车内装有加温装置，可使车辆在-54℃的条件下正常使用；为确保水上使用安全，车内舱底还有4个排水泵，其中2个是电动泵，另外2个是液力操纵泵，每台水泵的排水量为435升/分钟。

全面升级型

在整体结构设计方面，AAV7的动力室位于车头中央，驾驶舱位于动力室的左侧，驾驶舱后方为车长席，驾驶员和车长的舱盖基座都拥有7个观视镜，可观察车外的状况。

AAV7不需任何准备，就可实施水上浮游，浮游时是由车体后部两侧的喷水推进器推动，在水中能够做倒行、转向、原地回旋等动作。

此外，AAV7A1在浮游时还能同时用履带划水驱动，不过浮游速度较慢。AAV7A1的战斗重量为24吨左右，最高道路时速73千米、浮游时速13千米，道路续行里程约480千米，或是进行连续7个小时的两栖浮游操作。

AAV7A1的车体后段是载员舱，舱内座椅总共可搭载25名全副武装的士兵，除了装载人员之外，载员舱内可以改载4530千克的各式物资。在结构设计上，AAV7A1的车尾装有一具供士兵进出载员舱的电动斜板式舱门，舱门设有紧急逃生门和观视镜，另外在载员舱的顶部还装有3具可供组员出入的舱盖。

Chapter 3

第三章

海战武器

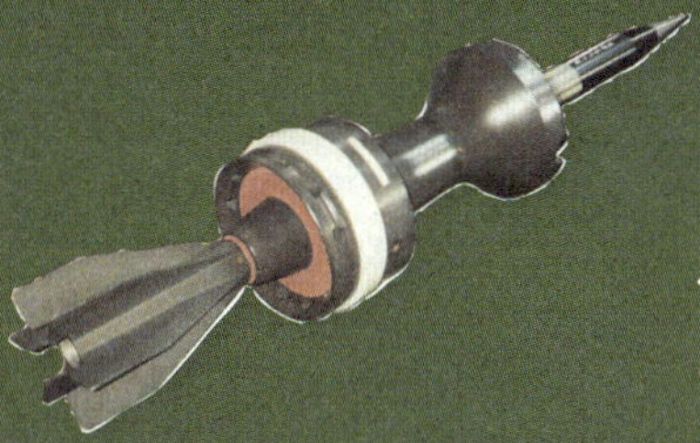

驱逐舰

QUZHUJIAN

反潜骄子——苏联“无畏”级导弹驱逐舰

“无畏”级在苏联的驱逐舰中是名副其实的“老大”，其他任何一种级别的驱逐舰都难以与之相比，就连与它同时建造的“现代”级导弹驱逐舰也望尘莫及。

不仅如此，即使在世界各国的驱逐舰中，“无畏”级的吨位也堪称“世界之最”，只有日本建造的装备有“宙斯盾”系统的新型驱逐舰（排水量 7200 吨）才可与之相媲美。

结构布局

“无畏”级导弹驱逐舰是以苏联“克列斯塔”级反潜巡洋舰为蓝本改进而成的。它具有结构紧凑，布局简明等特点。舰上的防空、反潜武器和火炮均集中在前部；中部为电子设备；后部为直升机平台，全舰整体感很强。

兵器档案

型号：“无畏”级驱逐舰
舰长：163.5 米
舰宽：19.3 米
航速：29 节
满载排水：8500 吨

武器装备

“无畏”级导弹驱逐舰的武器装备齐全，尤其是反潜武器足以使任何潜艇感到畏惧。其中包括 8 枚 SS-N-14 舰对潜导弹，2 座 RBU-6000 十二管反潜火箭发射器，2 架卡 -27 反潜直升机。SS-N-14 导弹是主要的反潜武器，可加装核弹头，射程近 30 海里，飞行速度接近 1 马赫，潜艇只要被发现就难以逃脱。

超强的战斗力

“无畏”级装备了最为先进的 SA-N-9 型舰对空导弹，以有效地对付空中袭击。舰上共装有 8 个这种导弹发射舱，每个发射舱有 8 枚导弹，分别部署在舰体的前部和后部。该型导弹采用垂直发射方式，不受距离和角度的限制，可以攻击任何方向和高度的空中目标，反应速度较快。它的飞行速度达到 2 马赫，可攻击 5 千米远的目标。

保驾护航

“无畏”级驱逐舰的建造和服役有效地提高了苏联海军的远洋反潜作战能力；同时它还能与“现代”级驱逐舰一起编入航母战斗群，为“库兹涅佐夫”级航母保驾护航，为其起到护航、警戒和远距离反潜的作用。

防空利刃
——英国“谢菲尔德”级驱逐舰

内部结构

兵器档案
型号：“谢菲尔德”级驱逐舰
舰长：125 米
舰宽：14.3 米
航速：29 节
满载排水：4100 吨

“谢菲尔德”级 42 型驱逐舰采用高干舷平甲板型的双桨双舵全燃动力装置。它的线型船体是按在静水和风浪中具有最佳的巡航速度和最高航速设计的。以主横隔壁区划，主船体分为 18 个水密舱段，舰内设两层连续甲板，主横隔壁至 2 号甲板为水密结构。

通信系统

42 型舰的通信系统由 ICS 综合通信系统组成。第一批舰装备的是 ICS-2A 综合通信系统；第三批舰装备的是 ICS-3 综合通信系统；根据 ICS-3 综合通信系统开始装备舰艇的时间判断，第二批舰很可能既有装备 ICS-2 的，又有装备 ICS-3 的，估计前 2 艘装备 ICS-2，后 2 艘装备 ICS-3。

装备武器

“谢菲尔德”级驱逐舰装备有 1 座 MK-8 型单管 114 毫米主炮、1 座两联装“海标枪”中程舰空导弹发射装置、2 门“厄利孔”20 毫米单管炮、2 座 MK-32 型 3 联装 324 毫米鱼雷发射管，另外舰载 4 架“山猫”反潜直升机用于执行远程反潜任务。这些武器共同承担着反舰、反潜、防空和对陆的作战任务。

海洋神盾

——美国“伯克”级导弹驱逐舰

水上堡垒

兵器档案	
型号：	“伯克”级导弹驱逐舰
舰长：	153.6 米
舰宽：	20.4 米
航速：	大于 30 节
满载排水：	8515 吨

“伯克”级驱逐舰在设计中充分考虑了减轻战损和在战损情况下保持战斗力的措施，这就在很大程度上提高了军舰的生命力。舰体全部采用钢结构，重要舱室都敷设了“凯芙拉”装甲，舰上的关键部门，包括作战情报中心和通信中心均位于水线以下而且被重点加固。舰上的数据系统采用了分散布局形式，并有 5 条线路。

隐形高手

作为美国海军中首级具备隐身能力的水面战舰，“伯克”级驱逐舰的上层建筑比同类舰只要小，舷侧和桅杆基座倾斜，边角采用圆弧过渡，因而能散射掉相当的雷达波，另外，舰体表面涂有特殊的吸波材料，这就大大降低了对方雷达的发现概率。该级舰的烟囱末端设置有冷却排烟的红外抑制装置，从而减少了被红外线探测到的可能。

三防舱门

为了在核战或生化战条件下给各舱加压，防止外界污染进入舱内，“伯克”级驱逐舰的每个舱门都采用双层气压舱门，减少了露天甲板出入口。此外，所有进入舱内的空气都经过过滤处理，任何有害气体都休想进入舱内。更先进的是，舱内的空气主要以舰中的空气循环再生为主，这样就避免了有害气体进入舱内。

垂直发射

“伯克”级驱逐舰装备了两组 MK41 型导弹垂直发射系统，首部装 4 个模块，尾部装 8 个模块，首部备弹 29 枚，尾部备弹 61 枚，总备弹量 90 枚，由“标准”舰空导弹、“战斧”式巡航导弹和垂直发射的“阿斯洛克”反潜导弹混合装载。“标准”导弹的备弹量足以对付两次空中饱和攻击。先进的垂直发射技术，使发射率可达到 1 发 / 秒，与常规发射架相比，大大缩短了反应时间，并且同样的空间至少可多贮存 25% 的导弹。

一舰多用

“伯克”级驱逐舰既可以利用其“宙斯盾”防空系统和防空导弹同时攻击 12 个空中目标，为航母特混编队提供严密的空中保护，还可以利用舰载的“战斧”式巡航导弹对 1000 千米以外的敌方岸上目标进行远程打击。可谓是一种真正意义上的多功能军舰。

出师不利

2002 年 10 月 12 日，一只满载炸药的橡皮筏在也门的亚丁港外突然撞击了一艘“伯克”级驱逐舰，4 名美军士兵当场被炸死。这艘名为“科尔”号的驱逐舰的左舷被炸开了一个大洞，涌进的海水让军舰倾斜了 40°，舰上的士兵拼命排水才让这艘载着 300 多名官兵的军舰免于沉没。从此声名显赫的“伯克”级驱逐舰也成了“出师未捷先进水”的代名词，这也是现代海军史上少见的自杀式袭击先进军舰的战例。

护卫舰

HUWEIJIAN

海上骑士
——美国“佩里”级护卫舰

“佩里”级护卫舰是美国海军通用型导弹护卫舰，也是世界上最先进的导弹护卫舰之一。它可以完成防空、反潜、护航和打击水面目标等任务。因其价格适中而获得大批量建造。美国到 1988 年就建造了 60 艘。

兵器档案

型号：“佩里”级护卫舰
舰长：135.6 米
舰宽：13.7 米
航速：29 节
满载排水：4100 吨

“奢华”居住条件

“佩里”级护卫舰的上层建筑形成一个封闭的整体，这就为舰员和设备提供了更多的空间。该级舰的生活设施良好，每名舰员平均拥有近 20 平方米的生活空间。

海上骑士

“佩里”级舰上武器配置比较齐全，舰上设有1座MK-13/4型标准“鱼叉”导弹两用发射架、1门奥托·梅莱拉76毫米火炮、1座MK-15密集阵近程武器系统、2座三联装MX-32鱼雷发射管，以及2架反潜直升机。舰上的探测系统性能出众，声呐尤其厉害，除有1部舰壳声呐外，还有1部拖拽线列阵声呐系统。

便宜维修

考虑到舰上维修方便的需要，同时尽量减少舰上维修工作量，“佩里”级护卫舰在设计之初就对需要修理的设备采取舰外供应、整机更换、舰外修理等方式，力求使舰上设备组件化。同时，在舰艇布置设计上，尽量使设备易于拆装和内部移动，并为拆装和移动设备设计了最佳通道以及在搬运路线上设置架空轻便轨道、滑车等。主推进燃气轮机可由该舰上层建筑上的排气烟囱卸出，而且在40小时~127小时内就可卸出并进行更换。

出师不利

1984年5月14日，在波斯湾执行油轮护航任务中，美国海军的“佩里”级“斯塔克”号导弹护卫舰被伊拉克空军“幻影”F1战机发射的两枚“飞鱼”空舰导弹击中，舰体受到严重损坏，造成37人死亡。而令人不解的是，伊导弹的攻击是在美军的监视下发生的。

隐身杀手
——英国23型“公爵”级护卫舰

23型“公爵”级护卫舰建造于20世纪80年代，它是英国海军在20世纪90年代末到21世纪初的主要水面作战舰艇，承担了英国海军的大部分水面战斗任务。该舰的静音效果极好，举世无双。

兵器档案

型号： 23型“公爵”级护卫舰
舰长： 133米
舰宽： 16.1米
航速： 28节
满载排水： 4200吨

角色变更

最初23型护卫舰主要用于反潜。1982年英阿马岛战争后，英国海军意识到自己的军舰存在众多的问题，这使得他们对23型护卫舰的设计方案进行了修改，加装了近程防空导弹和大口径舰炮。因此，在具备反潜能力的基础上，23型还具备了相当强的防空和反舰能力，“公爵”级也因此成为实战中最得力的舰种。

无声“公爵”

因为主要战斗任务是反潜作战，为了达到最佳的攻击效果，23型护卫舰采用了大量降低噪音的措施，该舰将所有的柴油机和发电机都安装在了减震浮筏上，以防止震动噪音传入水中。

隐身“公爵”

作为世界上最早采用舰体隐身设计的护卫舰，23 型护卫舰舰体两舷水线以上部分有大约 10° 的倾角，上层建筑侧壁内倾约 7°，并尽量让结合部圆滑而没有尖锐角度。此外，上层建筑的高度也比 22 型护卫舰少一层，烟囱经过了冷却处理，再加上舰体上大量使用了雷达吸波材料，所以其雷达反射面积非常小，仅为 42 型驱逐舰的 20%。

防御至上

在吸取了马岛战争中被阿根廷海军击沉的“谢菲尔德”级驱逐舰上消防区域过少，铝质材料易于燃烧的教训之后，设计者将 23 型护卫舰上的消防区域设置为 5 个，并且将舰上材料一律改为耐高温的钢材，对指挥室、弹药库等重点区域加装了多层防护。

军事小天地

护卫舰

护卫舰是一种比驱逐舰武备弱、续航力小、以护航、反潜或巡逻为主要任务的轻型水面战斗舰艇。它在多数情况下，可作为航空母舰、特混舰队、登陆作战编队或运输船队的护卫舰，担负防空、对海和反潜中的一个方面或多方面的战斗任务。

前途无量
——中国“江凯”级护卫舰

2005年2月18日，“江凯”级护卫舰（054A型）首舰“马鞍山”号正式服役；2005年9月27日，第二艘“温州”号开始服役。“江凯”级护卫舰建成服役后优先部署在了东海舰队。

兵器档案

型号：“江凯”级护卫舰
舰长：132米
舰宽：16米
航速：27节
满载排水：3900吨

隐身“江凯”

在外形设计上，“江凯”级护卫舰很大程度上借鉴了F-16U轻型护卫舰的思路。“江凯”级护卫舰是中国海军2000年后服役的大型水面舰艇中外形和隐身性能最好的。为适应远洋作战的需要，它的外形设计简洁而前卫，舰艇采用了短粗、肥胖的线型。“江凯”级护卫舰证明了中国的造舰技术与西方国家的水平已经非常接近了。

电子设备

“江凯”级护卫舰上安装了Mineral-ME1主动雷达和Mineral-ME2被动雷达，1门100毫米单管舰炮，并在外形上采用了一定的隐身设计。Mineral-ME1主动雷达能同时跟踪250千米以内的30个目标，Mineral-ME2被动雷达则能同时跟踪450千米以内的50个目标，它们为YJ-83型反舰导弹提供了明确的目标指示。

海上多面手

——西班牙“阿尔瓦罗·德·巴赞”级护卫舰

兵器档案

型号：“阿尔瓦罗·德·巴赞”级护卫舰
舰长：146.72 米
舰宽：18.6 米
航速：28.5 节
满载排水：5761 吨

“阿尔瓦罗·德·巴赞”级护卫舰舰长 146.72 米、舰宽 18.6 米，水线长 133.2 米，吃水 4.84 米，满载排水量 5761 吨，最高航速 28.5 节，续航力 4500 海里 /18 节，船型为平甲板型，全舰编制 250 人，其中军官 35 人，动力装置为柴燃联合动力方式，由 2 台 LM2500 燃气轮机组成，功率为 47494 马力。

武器装备

“阿尔瓦罗·德·巴赞”级护卫舰上安装了众多武器：1 门 MK45Mod2 型 127 毫米舰炮、2 门“梅罗卡”2B 型近防炮、发射 SM-2MRBlock Ⅲ A 型航空导弹和改进型“海麻雀”RIM-9P 航空导弹的 MK41 航空导弹垂直发射装置、2 座四联装“鱼叉”反舰导弹发射装置、2 座三联装 MK32Mod9 型鱼雷发射管、18 枚 MK46Mod5 型鱼雷、SPY1D（V）“宙斯盾”相控阵雷达，等等。

航空母舰

HANGKONGMUJIAN

越战先锋

——美国“小鹰”级航空母舰

美国海军的“福莱斯特”级航空母舰在二战后逐渐退役，取代它的就是“小鹰”级航空母舰。这种常规活动的航空母舰曾是世界上最大常规动力航母，同时也是美国海军最后一种常规动力航母。如今，美国海军“小鹰”级航母全部退役，到那时美国海军的航空母舰将全部由“尼米兹”级核动力航母组成。

兵器档案

型号：“小鹰”级航空母舰
舰长：323.6 米
舰宽：39.6 米
航速：30 节
标准排水：61174 吨

设施完备

由四台蒸汽发动机驱动的“小鹰”级航空母舰，总计 28 万马力，最高航速可达 30 节。在航速 30 节时续航力为 4000 海里，在航速 20 节时续航力可达

12000 海里。舰上的电力系统可提供 14000 千瓦的电力。由于“小鹰”级航母上舰员人数众多，所以各种生活配套设施也十分完备，共设有 1 座海上医院，65 张住院病床，6 个手术室，4 个百货商店，1 个邮局，航母上还装有 2400 部电话和互联网终端，可以收看 6 个频道的有线电视节目。

电子设施

“小鹰”级航空母舰上的电子设备非常完善，舰上共配有各种雷达发射机约 80 部、接收机 150 部、雷达天线近 70 部，另外还有上百部无线电台。此外，“小鹰”级航空母舰可贮备 7800 吨舰用燃油、6000 吨航空燃油和 1800 吨航空武器弹药，这些储备使它具备一个星期的持续作战能力。

航母战斗群

在执行任务时，美国海军航空母舰一般配属 4 艘 ~8 艘水面作战舰只、1 艘 ~2 艘潜艇和 1 艘 ~2 艘后勤辅助舰船，组成一个航母战斗群。一个标准的“小鹰”级航母战斗群由“小鹰”级航空母舰、配属的 2 艘“提康德罗加”级导弹巡洋舰、2 艘“伯克”级导弹驱逐舰、2 艘“斯普鲁恩斯”级驱逐舰、1 艘“洛杉矶”级核动力攻击潜艇和 1 艘“萨克拉门托”级战斗支援舰组成。

人员编制

“小鹰”级航空母舰上配有舰长和副舰长各一人，下设 10 个部门和一个舰载机联队。对航空母舰舰长和副舰长，美海军有非常严格的要求，只有在舰上驾机起降过 800 次 ~ 1200 次、有 4000 小时飞行记录，并且担任过飞行中队长的优秀军官才有资格担任这两个职务。

航母新纪元
——美国“企业”级核动力航空母舰

“企业”级核动力航空母舰是核动力航母的开山之作，也是美国第一种核动力航空母舰。它于1958年至1960年建造，1961年11月加入大西洋舰队服役，1965年至1990年被部署在太平洋舰队，1990年至1994年进行了为期近4年的核燃料更换和现代化改装，之后加入大西洋舰队，母港在诺福克。“企业”级核动力航空母舰的问世使航空母舰的发展进入了新纪元。

兵器档案

型号：“企业”级核动力航空母舰
舰长：342米
舰宽：40.5米
航速：35节
满载排水：93970吨

形单影只

“企业”级核动力航空母舰最突出的一个缺点是造价高得惊人，达到了4.51亿美元，约为一艘“福莱斯特”级常规航母的2倍。这艘核动力航空母舰虽然不必经常回船坞维修，但对舰员的专业水平要求较高，而且需要配备更多的舰员。由于造价太高，美国国会只批准兴建一艘“企业”级航母（即“企业”号）。

基本结构

与“小鹰”级基本相同，“企业”级航空母舰的舰体采用了封闭式飞行甲板，从舰底至飞行甲板形成整体箱形结构。在斜直两段甲板上分别设有两部蒸汽弹射器，斜角甲板上设有4道拦阻索和1道拦阻网，升降机为右舷3部、左舷1部。其机库为封闭式，长223.1米、宽29.3米、高7.6米。飞行甲板为强力甲板，厚达50毫米，在关键部位加装装甲，水下部分的舷侧装甲厚达150毫米，并设有多层防雷隔舱。

更换核燃料

1970 年，在航行了 30 万海里之后，“企业”号航母进行了核燃料的更换。1979 年到 1982 年，“企业”号进行了为期 38 个月的现代化改装，并且再次更换了核燃料。1990 年，“企业”号航母再次进行了改装，并且第三次更换了核燃料。它的改造费用也高得惊人，在长达 3 年多的船厂改造中，美国海军一共花掉了 1.4 亿美元，仅核燃料的更换就高达 2400 万美元。

舰队一体作战

“企业”级航母装有电子计算机数据处理系统。该系统整理和处理来自本舰雷达、护航舰只、飞机以及其他来源的信息，并将其自动传给其他舰只，使整个特混舰队像一艘军舰那样协调一致地行动。这一系统能使特混舰队指挥官迅速采取措施防御最危险的袭击，同时也大大简化了飞机在执行任务后寻找母舰的过程。

战力升级

“企业”级航母除了拥有巨大的续航能力外，还具有其他众多的优势。由于它不再需要烟囱和排出烟气，这就大大方便了飞机着舰。此外，核动力省下来的锅炉、燃油空间，可使飞机航空燃油的装载量从常规航母的 6000 吨增加到 11000 吨，这使航空弹药装载量也增加了 50%。

超远的航程

“企业”级航母采用了 8 座 A2W 核反应堆，可以获得 35 节的最大航速。在采用全速航行时，“企业”级航母的续航能力达到了 14 万海里；如果采用 20 节航速时，续航能力为 40 万海里，相当于绕地球 13 圈。当然，这种续航能力的获得也不是没有代价的，“企业”级机械大修周期长得吓人，而且花费巨大。

航母之王
——美国“尼米兹”级核动力航空母舰

“尼米兹”级核动力航空母舰是美国海军的当家明星，也是美国海军第二代核动力航空母舰，同时它也是世界上排水量最大、舰载机最多、现代化程度最高、作战能力最强的航空母舰。这四项之最足以让它成为现代航母中当之无愧的王者。

兵器档案

型号：“尼米兹”级核动力航空母舰
舰长：332.9 米
舰宽：40.8 米
航速：30 节
满载排水：10200 吨

战斗堡垒

“尼米兹”级航母体形空前庞大，舰体从舰底到舰桥顶部共高 70 多米，相当于一幢 20 层大楼的高度。另外舰上的人员配备也非常多，以“尼米兹”级中的“斯坦尼斯”号为例，舰上正常人员编制为 5984 人、床铺 6410 个、办公桌 544 张、书架 924 个、照明灯 29814 盏。此外，舰上还有邮局、电台、电影院、百货商店、照相馆、医院等各种生活设施，绝对是一个标准的“海上城市”。

庞大甲板

“尼米兹”级航空母舰最引人注目的就是它超长超宽的甲板，整个甲板长 330 多米，宽 70 多米，面积相当于 3 个标准足球场。飞行甲板上设有 4 部 C13

型蒸汽弹射器，可以把重30吨的战斗机以360千米/小时的速度弹射出去，而且效率非常高，1分钟内就可以弹射出8架战斗机。甲板上还设有阻拦索和阻拦网，每40秒就可以有一架战斗机在航空母舰上降落。

优越的核动力

“尼米兹”级航母无须携带常规航母所需要的大量燃油，所以可以省下更多的空间携带航空燃油和航空武器，其航空燃油的携带量达到了1万吨，是常规航母的2倍。此外，“尼米兹”级航空母舰上没有破坏性的噪音，没有常规航母的烟囱和废气，还可以利用巨大的核动力资源来淡化海水，让舰员24小时享受热水浴，这些对于其他军舰来说是可望而不可即的。

“永恒”的生命

为了减少鱼雷和导弹的威胁，从而保护弹药库、燃油舱、核反应堆等重要部位，“尼米兹”级航母从船底到机库都是双船体结构。它的防护系统极为坚固，舰体两舷的水下部分都设有能承受300千克炸药的防鱼雷舱，舰内则设有23道水密横隔舱和10道防火舱，弹药库和机库都设有635毫米的“凯夫拉”装甲。严密的防护能力，使它金刚不坏，拥有近乎“永恒”的生命。

强国的游戏

航空母舰从诞生之日起就是强国才能拥有的武器，只有综合国力和科技实力强大的国家才能自己生产航母，用航母作为自己海军的主力舰种。“尼米兹”级航空母舰作为大航母时代的结晶，它在最初的计划中单艘的造舰费用就高达7亿美元，而到了开始生产时达到了18亿美元，美军真正开始采购的时候到了32亿美元。一艘“尼米兹”级航母加上它的舰载机，基本费用就达到了50亿美元。正是巨大的资金投入和最先进的科学技术的应用，才有了这个“海上霸主”的诞生。

海上利刃
——美国“杜鲁门”号航空母舰

兵器档案

型号：“杜鲁门”号航空母舰
舰长：332 米
舰宽：41 米
航速：30 节
满载排水：101378 吨

1988 年 6 月“杜鲁门”号航空母舰的建造合同得到批准，1993 年 11 月开始铺设龙骨，1996 年 9 月举行宗教仪式和洗礼，1996 年 9 月下水，1998 年 5 月进行高速巡航试验，1998 年 6 月美国海军接收试航，6 月底交付使用，直到 1998 年 7 月 25 日正式交付美国海军大西洋舰队服役。至此前后一共历经 10 年，真可谓“十年磨一剑”。

技术改进

“杜鲁门”号航空母舰进行了一些大胆的技术改进，主要是采用信息技术来完成对舰艇的改造工作。该舰广泛使用光纤电缆，提高了数据传输速率；布设 IT-21 非保密型局域网，将计算机、打印机、复印机、作战兵力战术训练系统、舰艇图片再处理装置等连为一体，实现了无纸化办公，提高了信息处理能力；另外还增设保密战术简报室，舰艇配备了数字身份卡。

“杀手”之剑

“杜鲁门”号航空母舰装有 3 座 8 联装“海麻雀”舰对空导弹发射装置、4 套密集阵近战武器系统和 SPS-49 对空搜索雷达。舰载机主要包括 F-14 战斗机、F/A-18 战斗攻击机、“北欧海盗”反潜机、“鹰眼”预警机、“海鹰”反潜直升机等。

水晶理想
——俄罗斯“基辅”级航空母舰

“基辅”级航母全长273米，水线长249.5米，宽47.2米，水线宽32.7米，吃水10米，标准排水量36000吨，满载排水量43500吨，舰上装有4台蒸汽轮机，总功率达200000马力，全舰编制为1600人。

兵器档案

型号：“基辅”级航空母舰
舰长：273米
舰宽：53米
航速：32节
满载排水：43500吨

武器装备

与其他航母的最大区别是，“基辅”级航母上除了舰载机之外，还装载了大量武器，其本身也具有强大的火力。航母上安装有4座双联装SS-N-12远程反舰导弹发射装置，其射程为550千米；双联装SA-N-3中程舰空导弹发射架和SA-N-4近程舰空导弹发射架各2座，其射程分别为37千米和12千米；1座双联SUW-N-1反潜导弹发射架、两座五联装鱼雷发射管和两座RBU-6000反潜火箭发射器，此外还有4门76毫米双联装自动炮和8门30毫米单管自动炮。

电子设备

“基辅”级航母上装备有各种先进的电子设备：1部“顶帆”三坐标对空雷达，1部“顶舵”对空/对海雷达，1部“顶结”归航引导雷达，4部“十字剑”以及“低音帐篷”“枭叫”火控雷达等，另有“马颚”舰壳声呐和“马尾”拖曳声呐。

舰载机

“基辅”级航母上可载机33架：12架雅克-38“铁匠”短距/垂直起降战斗机、19架卡-25“荷尔蒙A”或卡-27“蜗牛”反潜直升机，另有2架卡-25“荷尔蒙B”直升机用于超视距引导。

轻型航母的典范
——英国"无敌"级直升机航空母舰

英国海军装备的"无敌"级航空母舰是一种轻型航母，它成功地将垂直短距起降技术和滑跃式飞行甲板可靠地结合在一起，成为现代轻型航母的典范。"无敌"级航母具有一定的制海能力，在海上局部冲突中能发挥重要的作用，而且它造价便宜，只有美国"尼米兹"级航母造价的1/10。

兵器档案

型号："无敌"级航空母舰
舰长：206.6 米
舰宽：27.7 米
航速：28 节
满载排水：20600 吨

无敌战士的诞生

作为航空母舰的发祥地，英国是在20世纪60年代时还曾拥有6艘大型航母。不过由于战后英国国力日衰，所以再也无力建造像美国那样的大型核动力航母。但同时相信航母实力的英国海军又不想放弃航母，因此无奈之下只好用所谓的"全通甲板巡洋舰"来代替传统的舰队型航母，这就是后来的"无敌"级轻型航母。

波折命运

“无敌”级首舰“无敌”号在建造过程中历尽波折，先是英国造船工人的几次大罢工让它的工期和费用都朝着不愉快的方向发展，接着又因为海军经费紧张，差点被英国前首相撒切尔夫人卖给澳大利亚海军。不过这一计划还未实施，英阿马岛战争就爆发了，随着“无敌”号在战争中大显身手，它也最终在英国皇家海军中站稳了脚跟。

倾斜的甲板

1978 年，英国海军在建造的“无敌”级航母的前端建了一个长 27.5 米，宽 12.8 米，与舰体成 7° 夹角的滑跃式甲板（后来改为 12° ）。这个标新立异的创造，让“无敌”级上的“海鹞”战斗机不用再因为垂直起降而浪费宝贵的燃油，武器负载一下子增加了 20%，同时还让自己摆脱了沉重的蒸汽弹射器，减轻了自身的重量。

恐怖战力

作为一种主要执行反潜任务的轻型航母，“无敌”级的满载排水量只有 2 万吨左右。它可以搭载 20 架左右的垂直起降战斗机和反潜直升机，一个航母编队的战力可以和日本的八八舰队相当。同时，“无敌”级航空母舰上还装有“海标枪”防空导弹和“守门员”近程防空系统，足以对敌方来袭的空中目标进行拦截打击。

不断改进

“无敌”级航母从外表上保留了二战时英国航母的所有特征，比如大型的封闭机库，没有阻拦和弹射装置的甲板等。而蒸汽弹射器等二战后最新发展的航母技术并没有在“无敌”级身上采用。原因很简单，英国人在“无敌”级身上运用了滑跃式甲板等更适合轻型航母的新技术。

潜艇

▶▶ QIANTING

深海鳄神
——美国“洛杉矶”级攻击核潜艇

兵器档案

型号：“洛杉矶”级攻击核潜艇
艇长：110.3 米
艇宽：10.1 米
艇速：32 节
下潜排水：6927 吨

威力巨大的“洛杉矶”级核潜艇是一种技术非常成功、性能先进、可执行反潜、对陆攻击等多种任务的多用途攻击核潜艇。它是美国乃至全世界建造数量最多的一级攻击型核潜艇，在 1976 年至 1996 年期间，共建成 62 艘，目前还有 50 艘“洛杉矶”级潜艇在美国海军中服役。

对抗中诞生

20 世纪 60 年代中期，苏联海军潜艇部队中出现的高速攻击型核潜艇让美国人深感不安。于是，美国从1964年开始研究高速核潜艇，并最终将其定名为“洛杉矶”。和以前的美国核潜艇大多以海洋鱼类命名不同，“洛杉矶”级改用美国城市来命名，表明美国海军开始把核动力攻击潜艇当作看家武器对待了。

高度静音

20世纪60年代末期，美国海军对攻击核潜艇是要“高速型”还是“安静型”犹豫不决，所以只好设计建造了体现两种设计思想的两级潜艇来试验，最终高速型的“洛杉矶”级获胜。其实它并不是赢在单纯追求高速，而是较好地处理了高速与安静的关系，与当时苏联的核潜艇相比，它的平均噪声水平要低20分贝~30分贝，具有相当大的优势。

“战斧”上潜艇

“洛杉矶”级潜艇在冷战时期的主要使命就是猎杀苏联的核潜艇。苏联解体后，来自水下的威胁减少，美国转而要应付更多的地区冲突。这时“战斧”式导弹的出现给“洛杉矶”级潜艇带来了机遇，它毫不费力地就在艇身上加装了12个垂直导弹发射筒。伊拉克战争中，“洛杉矶”级潜艇发射的“战斧”式导弹已占“战斧”全部发射数量的1/3左右。

鳄鱼之齿

目前，美海军水面舰艇常用兵器为MK114“阿斯洛克”反潜导弹。这种武器能用运载导弹或火箭携带深水炸弹或鱼雷攻击潜艇。美国的“阿斯洛克”反潜导弹由MK46的自导鱼雷和外挂式火箭发动机组成，射程为1.25海里~6.2海里。

幽灵海狼
——美国“海狼”级攻击核潜艇

作为冷战时期的产物，“海狼”级攻击核潜艇航速快、噪声小、隐蔽性好、武器装备精良、指挥自动化水平高、性能优越，是世界上装备武器最多的一级多用途攻击型核潜艇，同时也是世界上攻击力最强、性能最先进的攻击型核潜艇。“海狼”级的使命是反潜、反舰，既可以为美国海上水面舰艇编队和弹道导弹核潜艇护航，也可以运送特种部队来攻击陆上目标。

兵器档案

型号：“海狼”级攻击核潜艇
艇长：135 米
下潜排水：12151 吨
最大航速：25 节

不得其时

冷战尚未结束之前，“海狼”已经开始研制。为了与苏联核潜艇在深海大洋中进行全面对抗，美国不遗余力，将其打造得具有非凡的作战威力。“海狼”级攻击核潜艇可执行反潜、反舰、对陆、布雷等多种任务。不过，苏联的解体使它失去了角逐对手，因为它身价惊人，所以美国最终只建造了 3 艘便偃旗息鼓。

深海间谍

第三艘“海狼”级核潜艇是以美国前总统吉米·卡特的名字来命名的，其艇身增长 30 米，拥有一个多平台，能搭载袖珍潜艇、水雷战传感器等多种外部设备。它在任务使命上作了重大修改，专用来担任海军特种作战、战术监视和海底通信光缆窃听的母艇，所以这艘“吉米·卡特”号又被称为“间谍核潜艇”。

结构装备

“海狼”级核潜艇采用水滴形艇体，接近最佳长宽比，阻力较小，有利于提高航速；采用“木”字形尾舵，操纵性好；首部的橡胶声呐罩改成了钢罩，防止声呐受冰层的破坏，提高了潜艇的破冰能力。

“海狼”级攻击核潜艇也因此成为世界上攻击能力最强的潜艇之一。它配有先进的电子设备，水下探测能力强。导航系统有专为攻击型核潜艇研制的陀螺导航仪、无线电导航系统等。它采用了新的潜艇结构，为改进声呐布置提供了有利条件。

幽灵“海狼”

“海狼”身上充分体现了美国多年以来所获得的降噪技术。它的核反应堆装置经过了严格降噪设计，在艇壳外表面敷设了 7.2 万块消声瓦，使艇的辐射噪声比以前降低了 50 分贝。除降低噪声外，它还采取了消磁、减少红外特性等一系列隐形措施。“海狼”不愧是隐形潜艇中的范本之作。

高昂造价

作为世界上最昂贵的潜艇，美国的“海狼”级核动力攻击潜艇造价高昂，平均每艘耗资 28 亿美元，但因实在太贵了，1995 年美国国会决定终止该计划，最后只批准建造 3 艘。最终，“海狼”级攻击核潜艇的总造价高达近 80 亿美元。

深海狂鲨
——美国"俄亥俄"级弹道导弹核潜艇

兵器档案

型号："俄亥俄"级弹道导弹核潜艇
艇长：107.7 米
艇宽：12.8 米
艇速：25 节（水下）
下潜排水：18750 吨

体型庞大的"俄亥俄"级核潜艇因为装载"三叉戟"潜射导弹，所以又称"三叉戟"核潜艇。它是美国第四代弹道导弹核潜艇，也是美国现役唯一的一级战略导弹核潜艇，堪称当代最先进的核潜艇。至 1997 年，"俄亥俄"级核潜艇共建成 18 艘，它们所携带的核弹头数量占美国拥有核弹头总数的 50%，是世界上单艘装载弹道导弹数量最多的战略核潜艇。

使命转变

美国在冷战结束后开始大幅度削减其战略核力量，因为 18 艘的战略潜艇部队显得过于庞大，而且维持费用高得惊人。随着战争形态的变化，美军由海对岸的攻击能力需要加强。于是 4 艘"俄亥俄"级核潜艇被削减改装为能发射 154 枚"战斧"式导弹的巡航导弹核潜艇，并具有搭载"海豹突击队"特种运载舱执行渗透任务的能力。

导弹仓库

作为世界上单艘装载弹道导弹数量最多的核潜艇，“俄亥俄”级战略核潜艇携带了24枚“三叉戟”Ⅰ型或“三叉戟”Ⅱ型导弹，其射程达1.1万千米，威力巨大，足以摧毁一座大城市。三叉戟导弹可以从全球任何一片海域射向全球任何一个目标。

保养整修

“俄亥俄”级核潜艇的行程表是这样的：先以一组乘员执行巡逻任务，为期70天，之后进行整修保养，为期25天，整修完毕再由另一批乘员登舰执行任务，如此循环，每九年进行一次为期一年的大整修，同时进行核能燃料棒的更换。

伺机而动

在结束一次70天左右的出航之后，“俄亥俄”级潜艇只需重返基地保养25天便可再次出航。每艘潜艇都有蓝组和金组两组船员，轮流值班。当一组出海巡航时，另一组便在陆上享受假期，同时为下一次出海作准备。“俄亥俄”级核潜艇平时既不会用来封闭敌方航道，也不会去执行反潜任务，它的任务就是隐藏自己，伺机而动以求最后的致命一击。

怒海长鲸

——俄罗斯“台风”级弹道导弹核潜艇

“台风”级核潜艇是目前世界上最大的潜艇，堪称潜艇家族中的巨无霸，它的排水量几乎是美国“洛杉矶”级核潜艇的 3 倍。作为俄罗斯海洋核力量的代言人，“台风”级汇集了俄罗斯海军各型潜艇的优点，因此受到各国海洋部队的普遍重视。

兵器档案

型号：“台风”级弹道导弹核潜艇
艇长：172.8 米
艇宽：23.3 米
艇速：25 节
下潜排水：26500 吨

与众不同

和以往核潜艇的不同之处在于，“台风”级核潜艇的 20 具导弹发射管置于帆罩前方，帆罩则位于舰身中段稍后。这种独特的设计可以最大限度地保持舰身的平衡。在 15 秒钟的时间内，一般导弹潜艇只能发射一枚 SS-N-20 潜射弹道导弹，而在相同的时间内，“台风”级核潜艇可连续发射两枚。

优质生活

不同于其他潜艇上拥挤、枯燥的生活，在“台风”级核潜艇上服役的每位士兵都拥有 2 平方米的起居空间。在执勤 4 个小时后，士兵们可以去艇上的游泳池、桑拿室、体操房或吸烟室放松，甚至可以到甲板上钓鱼，在俄罗斯所有的舰艇中，“台风”级的伙食也是最好的。

怒海长鲸

“台风”级核潜艇采用了双艇体结构，两个耐压艇体并列在非耐压艇体内，每个耐压艇体的直径为 8.5 米 ~9 米，这种结构大大增强了潜艇的强度和抗破坏性。这种独特的结构配合上浑圆的舰体，使“台风”级核潜艇具有撞碎 3 米厚冰层的破冰能力，这也让“台风”级可以潜伏在遍布坚冰的北极，对敌人进行突然打击。

良好的机动性

大功率、长寿命的核反应堆，使“台风”级核潜艇可以拥有 30 节的航速，这大大增强了“台风”级核潜艇的机动能力。潜艇虽然体积庞大，但活动能力丝毫不受影响，可以连续航行 12 年而不用更换新的核燃料。

发愤图强
——俄罗斯“德尔塔”级弹道导弹核潜艇

超级火力

兵器档案

型号：“德尔塔”级弹道导弹核潜艇
艇长：118 米
艇宽：11.7 米
艇速：25 节
满载排水：10100 吨

“德尔塔”IV 级的 D-9PM 型发射筒内装备有 16 发 P-29PM 潜射弹道导弹。该级潜艇可以在 6~7 节、55 米深度的情况下连续发射出所有的导弹。“德尔塔”IV 级可以在一定的纵向倾斜角度以及任何航向下发射导弹。

“德尔塔”IV 级装备了 4 座 533 毫米鱼雷发射管，可以使用该种鱼雷管能发射的所有苏俄鱼雷型号，为了减小鱼雷发射间隔，提高自卫能力。“德尔塔”IV 级还安置了自动鱼雷装填系统，在火控系统上则使用专为其研制的“公共马车—BⅡPM”战斗指挥系统，这个系统用于处理除弹道导弹以外所有的战斗数据和鱼雷火控。该型潜艇还可以使用 SS-N-15“海星”反舰导弹，这种导弹速度为 200 节，射程为 45 千米，可以装配核弹头。

导航系统

“德尔塔”IV 级装备了“瑟尤斯”导航系统，又提供了比 Y 级和“德尔塔”前两型更精准的导航系统，系统使用“大鲱鱼”型漂浮拖拽天线。虽然没有权威资料能表示出该舰装备的是哪种声呐，不过应该是“鳐鱼”系列中的一种，而俄罗斯目前最先进的声呐基阵系列就是“鳐鱼”系列。在“德尔塔”IV 级的尾部垂直稳定舵的导流罩中安置了拖曳声呐基阵的收放装置。

食人狂鲨
——俄罗斯“阿库拉”级攻击核潜艇

在V–Ⅲ型的基础上研制成功的“阿库拉”级攻击核潜艇是俄罗斯第四代攻击核潜艇，也是俄罗斯海军的王牌武器之一，以反潜为主要任务。该舰于1981年开始建造，1982年10月6日下水，1984年12月30日开始服役。

兵器档案

型号：“阿库拉”级攻击核潜艇
艇长：111.7米
艇宽：18.5米
艇速：33节
下潜排水：9100吨

深海霸主

“阿库拉”级攻击核潜艇采用水滴状外形，艇体结构为双壳体。潜艇内层钛合金制造的耐压壳保证了“阿库拉”级核潜艇在深达650米左右的海底仍然安然无恙。即使在现在，世界上绝大多数反潜武器的打击深度和核潜艇的下潜深度均不超过500米。

现代化改装

孔雀石设计局于1988年开始对“阿库拉”级核潜艇进行“971M现代化改装计划”，为它增设了全新一代的火控系统、武器系统并使用了更好的消音手段，除此之外，一些甚至准备给新一代攻击核潜艇使用的设备（西方认为是用作实验）

也被用到了它的身上。这些新设备的大量采用，使“阿库拉”级核潜艇不得不大幅增加排水量，众多新设备与新技术几乎将971M型变成了一级新潜艇。

武器装备

潜艇上装备有大量先进的武器和电子设备：4具533毫米鱼雷发射管、SS-N-21远程巡航导弹、“俱乐部-S”系列潜舰导弹、SS-N-15中程反潜导弹、53-65型鱼雷、4具650毫米鱼雷发射管、SS-N-16远程反潜导弹、65-73和65-76型鱼雷；“鲨鱼鳃”主/被动搜索与攻击型低频艇壳声呐、“鼠叫”低/中频型主/被动搜索跟踪声呐、“魔伴”搜索雷达、“停车灯”雷达侦察仪、“公园灯”测向仪、“克里木-2”敌我识别装置等。

军事小天地

核潜艇

核潜艇是潜艇中的一种类型，指以核反应堆为动力来源设计的潜艇。由于这种潜艇的生产与操作成本，加上相关设备的体积与重量，只有军用潜艇采用这种动力来源。核潜艇水下续航能力能达到20万海里，自持力达60-90天。世界上第一艘核潜艇是美国的“鹦鹉螺”号，1954年1月24日首次开始试航，它宣告了核动力潜艇的诞生。

深海怪兽
——英国"前卫"级核潜艇

作为英国研制的一种新型核动力潜艇，"前卫"级核潜艇从 1993 年服役至今，共建造了 4 艘。"前卫"级核潜艇动力为核动力，其动力装置由 1 座 PWR2 型核反应堆、2 台蒸汽轮机、2 台可收缩式辅助推进器、2 台 Whale 涡轮发电机、2 台柴油发电机组成。

兵器档案

型号："前卫"级核潜艇
艇长：149.9 米
艇宽：12.8 米
航速：25 节
下潜排水：15900 吨

武器装备

"前卫"级核潜艇上装备有 16 枚洛克希德"三叉戟"Ⅱ D5 型潜射远程战略导弹。这是一种三级固体火箭，它采用星体惯性制导，射程为 12000 千米，其战斗部为 8 枚分导式热核弹头，每枚弹头相当于 10 万吨 ~ 12 万吨 TNT 当量，圆概率误差为 90 米。除此之外，潜艇上还装备了 4 具 533 毫米鱼雷发射管、"旗鱼"线导两用鱼雷。这种鱼雷在潜艇航速 70 节时的射程为 26 千米，航速为 50 节时的射程为 31.5 千米，其攻击航速为 55 节。

电子设备

"前卫"级核潜艇除装备有强大的武器外，还安装了许多先进的电子设备，如用于发射 2066 和 2071 型诱饵的 SSEMKIO 诱饵发射装置，它采用的是雷卡公司的 UAP3 型被动侦听设备，还有 SMCS 数据系统、SAFS3 火控系统、1007 型导航雷达、2045 型组合多频声呐。2045 型组合多频声呐包括 2046 型拖拽阵、2043 型舰壳声呐和 2082 型被动探测和测距声呐等。

Chapter 4

第四章

空战武器

轰炸机

HONGZHAJI

空中霸主——B-52“同温层堡垒”战略轰炸机

B-52“同温层堡垒”轰炸机是美国波音公司研制的一款亚音速远程战略轰炸机，主要用于远程常规轰炸和核轰炸。该机可以携带常规武器和核武器，以高亚音速在15千米的高空飞行。该战斗机于1955年开始装备部队，先后发展有A、B、C、D、E、F、G和H等8种型号，现只有G、H型仍在使用。长时期以来，B-52一直作为美国主要空中战略威慑力量而存在着，是从冷战年代到现代的多次中、大型局部战

兵器档案

机长： 49.05米
机高： 56.40米
空重（G、H型）： 221350千克
载弹量：（H型）27000千克
实用升限： 16765米
最大速度：（G型，高度12200米）：990千米/小时，（H型，高度12200米）：1010千米/小时
最大燃油航程：（不空中加油）（G型）12070千米（H型）16093千米

争中的主要战略打击力量，是世界上十分著名的大型轰炸机。

不断改进

B-52 战略轰炸机虽老，但仍保持着航程远、载重量大和价格便宜等优势。美国利用其这些特长，不断用结构延寿和换装新设备的办法多次进行改进，使 B-52 达到了一个更新的作战层次。尤其是 B-52 用 AGM-86B 武装起来以后，作战能力和生存能力大为提高，成为一种威慑力不亚于新型轰炸机的武器系统。据说 B-52H 轰炸机经过延寿和性能提高改进后，如果每年平均飞行 400 小时以内，可延长服役到 2030 年至 2040 年。

威力惊人

B-52“同温层堡垒”战略轰炸机的主要作战任务一般包括常规战略轰炸、常规战役战术轰炸和支援海上作战。轰炸攻击范围大，空中加油后可飞抵地球任何一点轰炸。作战使用灵活，可挂载各种常规炸弹和精确弹药飞临目标上空实施轰炸，又可在离目标 1000 千米以外发射空射巡航导弹对目标进行打击。

宝刀不老

在越南战争中，B-52“同温层堡垒”是美军进行大面积轰炸的主要工具。自 2003 年 3 月起，B-52“同温层堡垒”参与了伊拉克战争的猛烈空袭，在这次战场上出现的地毯式轰炸，从电视画面上可以看到，同样是由 B-52“同温层堡垒”战略轰炸机实施。只不过所用的武器已经不再是单一的非制导常规炸弹，而是新型制导炸弹和老式常规炸弹混合的轰炸武器。它依然宝刀不老。

“移动弹药库”——B-1“枪骑兵”战略轰炸机

B-1“枪骑兵”战略轰炸机是美国罗克韦尔国际公司研制的一种可变后掠翼超音速战略轰炸机，主要用于执行战略突防轰炸、常规轰炸、海上巡逻等任务，也可作为巡航导弹载机使用。该机于1986年开始装备部队。B-1轰炸机共发展了两种型号：B-1A和B-1B，目前装备部队的均为B-1B。

兵器档案

机长：44.81米
机高：10.36米
空重：87090千克
载弹量：34019千克（内部），26762千克（外部）
实用升限：18000米
航程（未加油）：12000千米

设计特点

该机为变后掠正常式布局，采用翼身融合体技术，将机翼和机身作为一个整体进行设计。机身两侧安装活动前翼，略带后掠角，无副翼。B-1轰炸机机翼下的发动机短舱内装有4台F101-GE-102涡扇发动机，单台推力为13.62吨（加力后）。B-1B还装有先进的地形跟踪雷达，可持续判断前方2.5千米范围内的地形，然后由自动驾驶仪控制飞机与地面保持一定高度。因此，即使地形比较复杂，B-1B仍可以在离地60米的超低空实现高速飞行和作战攻击，当三个投弹舱同时打开时，能在2秒内迅速将全部弹药倾泻完毕，然后高速逃离。

移动弹药库

B-1B拥有3个纵列分布的弹舱和6个外挂点，机舱内可携带8枚AGM-86B巡航导弹，24枚AGM-69短距攻击导弹，12枚B-28或24枚B-61或B-83核炸弹，也可携带普通炸弹。机身下的6个外挂架可带12枚AGM-86巡航导弹。炸弹舱合计可携带34吨弹药，此外还可外挂26吨弹药。B-1B在空中加油的情况下可以实施洲际飞行，在携带AGM-86空射巡航导弹的情况下，可以对全球任何地方实施打击。

实战表现

在1998年美军对伊拉克实施的“沙漠之狐”打击行动中，B-1B首次参加实战。1999年，6架B-1B轰炸机参加了科索沃战争，投下约250万吨弹药，占联军投下总弹药的20%。在阿富汗战争中，共有8架B-1B参加了作战行动。2003年的伊拉克战争中，B-1B也有突出表现。

优雅的白天鹅
——图-160“海盗旗”战略轰炸机

图-160是苏联图波列夫设计局研制的一种变后掠翼超音速战略轰炸机，俄罗斯军方自豪地称她为“民族的武器”“俄罗斯空中奇迹”“遏制因素”和“世界上最有力的打击系统”，也有人欣赏她完美而优雅的外形，把她比作“白天鹅”。北约称其代号为“海盗旗”。

兵器档案

机长：54.10米
机高：13.10米
最大起飞重量：275000千克
载弹量：40000千克
实用升限：15000米
实用航程：12300千米

发展历史

该机在苏联解体之前尚处于试验阶段，并未正式装备使用。原计划生产100架，但由于苏联解体，生产陷于停顿，20世纪90年代初期仅制造了30架左右。2006年，俄罗斯空军发起了一项图-160飞机的大修和升级项目，改良后的图-160在完成飞行测试后，很快就进入空军服役。2010年，俄罗斯有约16架图-160轰炸机。预计到2025年至2030年，俄空军装备的图-160轰炸机总

量将达到30架。

功能全面

图-160战略轰炸机既能在高空、超音速的情况下作战，发射具有火力圈外攻击能力的巡航导弹；又可以亚音速低空突防，用核炸弹或导弹攻击重要目标；还可进行防空压制，发射短距攻击导弹。若在图-160机身下挂载一种采用固体燃料的三角翼火箭运载装置，它甚至可以把轻型卫星送入地球轨道。更为重要的是，图-160是俄罗斯现役轰炸机中唯一一种不经空中加油就可以对美国本土进行攻击的轰炸机。

冤家对头

图-160的性能与美国B-1B战略轰炸机难分伯仲，机身外形又很相似，是一对真正的冤家对头。由于它在结构上与同时期美国B-1轰炸机非常相似，因此被称为红色B-1。图-160比B-1大而重，作战方式与B-1类似，但是战斗力并不占优，主要表现在电子技术和隐形方面远比B-1差。

逆风飘扬

2010年5月9日俄罗斯纪念卫国战争胜利65周年庆典阅兵式上，空军梯队中身形庞大的图-160“海盗旗”战略轰炸机尤为引人注目。

战斗机

ZHANDOUJI

迅猛战隼

——F-16“战隼”战斗机

F-16“战隼”战斗机是美国空军的一种超音速、单发动机、单座、多用途轻型战斗机，主要用于空战，也可用于近距离空中支援，是美国空军的主力机种之一。由于性能优越、价格便宜，所以深受各国空军青睐，F-16“战隼”战斗机至今已有10多种改进型，如单座战斗机、双座战斗/教练机，侦察机、先进技术试验机等类别，其不同的构型可能达几十种，其产量已经超过了4000架，出口到了近20个国家和地区。

兵器档案

机长：15.09米
机高：5.09米
空重：7070千克
最大外挂重量：6800千克
最大载弹量：5440千克
实用升限：18000米
最大航程：3890千米

武器装备

F-16“战隼”战斗机机身左侧装有1门20毫米的“火神”6管航炮，备弹515发。机身外因生产批次的不同，武器外挂架的数量也有所不同，最少的有9个，最多的有14个，可携带多种空对空导弹、空对地导弹、反舰导弹、常规炸弹、多种激光制导炸弹和集束炸弹，还可携带GPU-5/A30毫米机炮吊舱和其他干扰吊舱。

世界性战机

美国已生产此种类型的飞机达4000架以上，国外用户包括比利时、丹麦、荷兰、挪威、以色列、埃及、希腊、土耳其、巴基斯坦、韩国、泰国、新加坡等国家，难怪F-16有“国际战斗机”之誉。

实战雄风

海湾战争中，美国空军首次使用了F-16战斗机，251架F-16战斗机总共出动了13480架次，在美军飞机中出动率最高，执行任务种类最多，有战略进攻、争夺制空权、压制防空兵器、近距支援，堪称“沙漠风暴”等行动中的一大主力。

在1982年的贝卡谷地之战中，以色列空军的F-16战斗机击落了45架苏制米格战斗机和苏霍伊战斗机。

苏联占领阿富汗期间，巴基斯坦的F-16战斗机击落了16架越过巴基斯坦攻击阿富汗游击队营地的米格战斗机。

战斗霸王

——F/A-22“猛禽”战斗机

兵器档案

机长：18.9 米
机高：5.08 米
最大起飞重量：38000 千克
实用升限：18000 米
作战半径：2170 千米

F-22“猛禽”战斗机是美国洛克希德·马丁公司与波音公司为美国空军研制的新一代重型隐形战斗机，也是目前专家们所指的“第四代战斗机”（此为西方标准，若按俄罗斯标准则为第五代）。主要是为取代美国空军现役的 F-15“鹰”战斗机而设计的，在美国空军武器装备发展中占有最优先的地位。2002 年 9 月，美国空军正式将 F-22 改名为 F/A-22，确立了 F/A-22 将兼顾制空与对地攻击双重任务，是美国 21 世纪的主战机种。

突出优势

1. 飞行性能好

F/A-22 将不仅是世界上第一种能够进行超音速巡航飞行的战斗机，而且机动性和敏捷性也远远优于第三代战斗机。

2. 超强隐身能力

F/A-22 具有全频谱（雷达、红外和可见光）隐身能力，雷达反射截面积还不到 F-15 的 1/3。

3. 电子设备模块化

F/A-22 采用模块化电子设备方案，从而使其可靠性比原有的电子设备提高 3 倍。

主要任务

F/A-22 的主要任务是取得和保持战区制空权，为美军作战提供空中优势，在战区空域有效实施精确打击，防空火力压制和封锁、纵深遮断（对地攻击），近距空中支援（战场遮断）以及情报、监视、侦察和通信网络功能联合于一体。

武器配置

与其他隐形战机一样，F/A-22也可以在机身内携带武器。其主武器舱可携带6枚雷达制导的AIM-120C中程空对空导弹。如果任务包括地面攻击，则用两枚454千克的GBU-32联合直接攻击弹药来代替4枚AIM-120C。飞机两侧的两个小弹药舱装载了两枚AIM-9“响尾蛇”短程空对空导弹。1门20毫米M61A2火神式六管旋转机炮隐藏在隐形门后且位于右侧空气入口上方，可装填480转、口径为20毫米的弹药，并以每分钟100转的速度向炮筒中装填弹药。在不需要隐形时，F/A-22可在机翼下携带武器和燃料箱。

时代意义

与第三代战斗机相比，F/A-22飞机最具里程碑意义的技术特性是：采用全隐身与气动综合布局、持续的超音速巡航能力、过失速机动、短距起降、先进的机载设备和火控系统与综合航空电子系统。不少人认为伴随着F/A-22的加入现役，标志着当今世界正开始进入“隐形空军时代”。

红色利剑
——SU-27“侧卫”战斗机

SU-27“侧卫”战斗机由俄罗斯苏霍伊设计局研制，是一款单座双发动机、全天候空中优势重型战斗机，其航程更远、速度更快、机动性更好。SU-27的主要任务是国土防空、护航、海上巡逻等。该机于1985年进入部队服役。由于其良好的设计和较大的改进余地，俄罗斯在此基础上相继又推出了SU-27PU（SU-30）、SU-27K（SU-33）、SU-27IB和SU-27KU（SU-34），以及SU-35等多种型号，形成了庞大的SU-27系列飞机家族。

兵器档案

机长：21.93米
机高：5.93米
最大起飞重量：33000千克
最大武器载荷：8000千克
实用升限：18000米
最大航程：3790千米

精良技术

SU-27采用双垂尾正常式布局，有很好的气动性能。全金属半硬壳式机身，机头略向下垂，大量采用铝合金和钛合金，传统三梁式机翼。机身右侧机翼边条上方装有1门30毫米GSH-301机炮，备弹150发。该机最多可以携带10枚空空导弹，对地攻击时可带机炮吊舱、各种炸弹、火箭发射巢等。飞行性能要高于第三代战斗机，有优异的飞行性能和操纵性能，且具有续航时间长等特点，并且可以进行超视距作战。

“空中手术刀”

1987年9月13日，苏联空军最新型歼击机SU-27对巴伦支海上空的挪威P-3B反潜巡逻机进行拦截。警告无效后，SU-27突然打开加力，飞机如同一只咆哮的钢铁巨兽猛地向前窜去，它的座舱盖避开P-3B高速旋转的螺旋桨，就像手术刀一样用自己的左侧垂尾生生地给P-3B巡逻机来了一个“开膛手术”。P-3B巡逻机的一台发动机严重受损，尽管没有人员伤亡，但事后P-3B的机组谈及此事无不心有余悸。SU-27战斗机捍卫了苏联的荣誉与尊严。

技压群雄

SU-27战斗机绝对是世界第三代战机中的佼佼者。它拥有先进的气动布局和强大的攻击力。在西方航展上的SU-27精彩的“眼镜蛇机动”动作更令世界惊叹不已。“眼镜蛇机动”，全称“普加乔夫眼镜蛇”机动，是俄罗斯著名飞行员普加乔夫首创。由于做这一动作时，SU-27的姿态很像眼镜蛇，所以，人们称之为“眼镜蛇机动”。这一动作的实战性较强，但由于这个动作对飞机性能和飞行员要求非常高，截至目前，只有少数几种飞机和极少数飞行员可以完成此类动作。

“空战之王”

1999—2000年，在埃塞俄比亚与厄立特里亚的边境冲突中，埃塞俄比亚的SU-27“侧卫”战斗机多次打败厄立特里亚的MIG-29“支点”战斗机，一直保持着空战不败的纪录，成为闻名非洲的现代“空战之王”。几年后，在对索马里教派武装空中作战中，埃塞俄比亚SU-27“侧卫”战斗机再次发威，使教派武装闻风丧胆、四处逃窜。

悲情英雄
——MIG-29“支点”战斗机

MIG-29战斗机是苏联米格设计局研制的超音速、高性能、双发战斗机，可执行截击、护航、对地攻击和侦察等多种任务。MIG-29一度获得“世界上机动性最好的战斗机”的称号，是近距机动空战中的王者战机。该机是针对美国的F-16和F-18设计的，设计重点是强调发动机的高亚音速机动性、加速性和爬升性能，但不具隐身能力，为典型的第三代战斗机。北约给予其绰号“支点”。原型机于1977年首次起飞，1985年开始服役。

兵器档案

机长：17.32米
机高：4.73米
空重：10900千克
最大武器载荷：3000千克
实用升限：18000米
最大航程：3200公里

全能冠军

MIG-29的基本任务是在各种海拔、方向、气象和电子对抗条件下，消灭60千米～200千米内的空中目标。MIG-29改进型具有使用精确制导武器进行空对地攻击和进行近距空

中支援的能力。苏联空军给 MIG-29 规划的典型作战任务是，在战区前线机场携带 6 枚空空导弹、1 个副油箱起飞，执行保卫轰炸机、攻击机编队，提供最大 370 千米作战半径的护航任务。在部分 MIG-29 进行护航的同时，其他 MIG-29 可执行巡逻、拦截任务，为护航编队提供进一步支援。

独到之处

MIG-29 设计有独到之处，依靠先进的头盔瞄准器和红外格斗导弹，离轴攻击角度可以达到左右各 45°，这在当时是个了不起的成就。MIG-29 能做 26° 仰角的持续飞行，还能突破 26° 仰角限制，以更大仰角姿态飞行数秒钟，使机鼻迅速指向敌机发起攻击。MIG-29 的机体结构设计也允许飞行员做出超过 9G 的短时机动动作。另外，MIG-29 的座舱设计与当时苏联使用的其他战斗机非常相近，例如 MIG-21、MIG-23、SU-25 和 SU-27。这样，飞行员可以很容易就转型到 MIG-29 上，大大缩短培训时间，节省训练费用。

尴尬战绩

由于 MIG-29 是用来配合苏联境内完善的防空网使用的，所以作战时非常依赖地面指挥，这也是 MIG-29 实战战绩不佳的原因。MIG-29 参与的实战不算太多，但战绩非常糟糕。例如在海湾战争中，美军的 AIM-7“麻雀”中距空空导弹多次击落伊拉克 MIG-29；一架 MIG-29 在躲避 F-15 的追击时，不慎坠地“自杀”；伊军倒是有一架 MIG-29 取得了战绩，但击落的是友军的 MIG-23 战斗机；之后伊拉克的部分 MIG-29 战斗机逃往伊朗避难，被伊朗扣留；此外美军还摧毁了至少 7 架停留在地面的 MIG-29。

运输机

YUNSHUJI

搬运巨人——美国C-5“银河”运输机

C-5“银河”(Galaxy)是美国洛克希德·马丁公司研制的亚音速远程军用运输机，是美军载重量最大的军用运输机。主要用于运载导弹、坦克，及架桥设备、发射装置等大重量大尺寸设备，能够将美陆空军和海军陆战队各种重型武器装备运送到全球各地。1963年开始研制，1968年6月原型机首飞，1970年开始装备部队。

兵器档案

机长：75.54米
机高：19.85米
容积：985.29立方米
最大载重：118387千克
实用升限：10895米
最大载重航程：5526千米(5%余油)

运载能力

C-5采用4台通用动力公司(GE)的TF39-GE-1C涡扇发动机，单台推力为191.2千牛。驾驶舱内有正、副驾驶员，随机工程师和2名货物装卸员共

5 名机组人员。上层舱前部有可供 15 个工作人员休息的舱间，从中央翼之后到机尾的上层舱可载运 75 名士兵，下层主货舱可载运 270 名士兵，美国现役陆军师所配备各类武器中 97% 都可运输。典型装运布置包括：2 辆 M1 型坦克；16 辆 3 吨 ~ 4 吨载重卡车；1 辆 M1 型坦克和 2 辆 M-2 步兵战车；6 架 AH-64 武装直升机；10 枚“潘兴”导弹及其发射车辆；36 个 463L 标准集装货盘。

不断升级

由于美军在战略战术上的改变，越来越注重高机动的火力投送，C-5 的快速战略运输能力也越发显得重要了。1978 年美国空军决定为所有服役的 77 架 C-5A 更换了新机翼，此项工作于 1987 年全部完成。1982 年夏天，洛克希德·马丁公司研制了新型 C-5B，C-5B 的气动外形和内部布局与 C-5A 相同，采用推力更大的发动机，载荷能力增加，1986 年开始交付使用。此外，目前还有一种 C-5D，它应美国空军的要求，换装了新动力装置和数字式电子设备。

直升机

ZHISHENGJI

坦克杀手——AH-64“阿帕奇”武装直升机

AH-64“阿帕奇”攻击直升机是麦道公司研制的一种技术先进、设备精良、生存能力和综合作战能力都比较强的双座武装直升机，该机能在恶劣气候下昼夜执行反坦克作战任务。1975年9月首飞，1984年1月开始服役，AH-64现有型号分别为：AH-64A“先进阿帕奇”、AH-64B、AH-64C和AH-64D“长弓阿帕奇”。

兵器档案

机长：17.76米
旋翼直径：14.63米
最大起飞重量：10107千克
最大平飞速度：277千米/时
作战半径：240千米
续航时间：3小时9分钟

名字由来

1981年末，AH-64武装直升机正式命名为“阿帕奇”。阿帕奇，是北美印第安人的一个部落，叫阿帕奇族，在美国的西南部。相传阿帕奇是一个武士，他英勇善战，且战无不胜，被印第安人奉为勇敢和胜利的代表，因此后人便用他的名字为印第安部落命名，而阿帕奇族在印第安史上也以强悍著称。

整体设计

作为一种“先进的攻击直升机”，AH-64“阿帕奇”代表的是20世纪80年代的技术水平，其中包括机体设计、机载装备和武器等多方面。在总体上，“阿帕奇”的设计是非常成功的。“阿帕奇”可以在复杂气象条件下搜索、识别与攻击目标，它能有效摧毁中型和重型坦克，具有良好的生存能力和超低空贴地飞行能力。为了提高其生存力，“阿帕奇”在设计上想了很多办法，采取了很多措施。比如在旋翼桨的设计中，采用了玻璃钢增强的多梁式不锈钢前段和敷以玻璃钢蒙皮的蜂窝夹芯后段设计，经实弹射击证明，这种旋翼桨叶任何一点被12.7毫米枪炮击中后，一般不会造成结构性破坏。

火力配置

AH-64D“长弓阿帕奇”是AH-64“阿帕奇”攻击直升机的最新改进型。火力配置也较“阿帕奇”更为强大，在原有机炮和火箭的基础上，AH-64D增加了两个外接点，可以携带4枚“毒刺”、4枚“西北风”或2枚“响尾蛇”红外格斗导弹，从而在很大程度上提高了该机的空战能力。特别是AH-64D挂载的16枚“长弓–地狱火”导弹与“长弓”雷达配套，采用主动雷达制导方式，能够在比现有瞄准手段减少70%瞄准时间的情况下，自动记忆目标特征和位置信息，引导弹头命中目标。

飞翔的眼镜蛇
——AH-1“眼镜蛇”直升机

兵器档案

机长：17.4 米
旋翼直径：14.4 米
最大起飞重量：6697 千克
最大平飞速度：277 千米 / 时
作战半径：240 千米
续航时间：2.5 小时

AH-1“眼镜蛇”直升机，是由美国贝尔直升机公司（现改称达信集团贝尔直升机公司）于20世纪60年代中期为美陆军研制的专用反坦克武装直升机，当时也是世界上第一种反坦克直升机。由于其飞行与作战性能好，火力强，被许多国家广泛使用。经过30多年的不断改进和改型，使得AH-1系列成为发展型号最多、服役时间最长、生产批量最大的武装直升机系列。它与AH-64“阿帕奇”被列为美国及其盟国反坦克常规武器库中的主要武器。

身手不凡

海湾战争中，美国参战的“眼镜蛇”直升机约1170架，取得了令人瞩目的战果。在战争第二天，一架“休伊眼镜蛇”带领4架“超眼镜蛇”参加了战斗，并迫使伊方一个坦克营投降。第三天参战的两个中队的“超眼镜蛇”直升机，共摧毁伊方近200个地面目标，其中包括约100辆坦克、40至50辆装甲运兵车、20辆汽车和一批火炮、观察哨和掩体。

深受喜爱

“眼镜蛇”在20世纪80年代的卖座动画片《特种部队》中出现过，在电影《火鸟》《铁鹰》《空中监狱》《魔鬼女大兵》《战火云霄》《爱情向前冲》《绿巨人》《生死豪情》、世界之战及《碟中谍3》中出现过。在电视上也有许多亮相，比如神探猛龙（Magnum P. I.）、“JAG”、《德州巡警》等。AH-1Z“蝰蛇”在电脑游戏《战地风云2》中作为美国海军陆战队的攻击直升机出现。

侦察机

ZHENCHAJI

"间谍幽灵"——美国U-2高空侦察机

U-2高空侦察机由美国洛克希德·马丁公司研制，是一种单座单发长航时高空战略侦察机。其动力装置为一台J57（推力为48.9千牛）或J75-P-B发动机。飞行时高度是25000米以上的平流层，是普通机的2倍以上。飞机外表为了避免反射阳光涂成黑色，并加大机翼使其具有滑翔机的特征。

兵器档案

机长：19.2米
机高：4.88米
空重：7.03吨
最大实用升限：27430米
最大航程：4830千米

优越性能

U-2战略侦察机自诞生那天起便是美国最绝密的军事利器，因其所执行的任务极其绝密，加上性能特别先进，采用了隐形技术，故亦被称为"间谍幽灵""黑

寡妇”。是 20 世纪 50、60 年代最先进的侦察机，当时世上任何一种歼击机和高射炮都奈何不了它。它可在 21000 米的高空飞行、照相、使用雷达侦察及截听通讯；能够携带各类传感器和照相设备，对侦察区域实施连续不断的高空全天候区域监视。它不仅可进行照相侦察，还可进行电子侦察。在 20000 米高空拍照，可判读的横向范围达 150 千米；在 18000 米以下，地面人员的活动可以清晰地显示出来；在 9000 米以下，地面上报纸的照片和标题可以放大看到。

不断改进

U-2 的改进型非常值得关注。它增大了翼展和整体油箱机翼，机头和机身加长并配备了永久性专用吊舱。其最大起飞重量 18.6 吨，增加近 5 吨；实用升限有所降低，为 21000 米；巡航时速 692 千米，作战半径达 2800 千米，增加了 600 千米；最大航程为 8000 千米，增加了近一倍。续航时间增加一倍，达 12 个小时。

改进型 U-2 上还装有高分辨率摄影组合系统，能在 15000 米高空用 4 个小时拍下宽 200 千米、长 4300 千米范围内地面景物的清晰图像。它新配装的合成孔径雷达，可穿透遮障侦察浅层的地下设施。

中美背后的较量

U-2 一直凭借高空优势在中国和苏联上空横行。不过好景不长，1959 年 10 月 7 日，解放军刚成立不久的防空导弹部队二营使用苏联 SAM-2 低空导弹，击落 1 架美制 RB-57D 高空侦察机，拉开了解放军打击 U-2 的序幕。

1962 年 9 月 9 日，我军导弹二营在江西省南昌市郊区首次击落了 1 架 U-2 高空侦察机。尽管美方在这之后很快设计了绕弯、电子干扰、电子迷惑等战术和设备，但我军也不断提高自己的实战能力和技术，继续取得击落 U-2 的战果。至 1967 年年底，共击落 U-2 高空侦察机 5 架。

Chapter 5

第五章

导弹武器

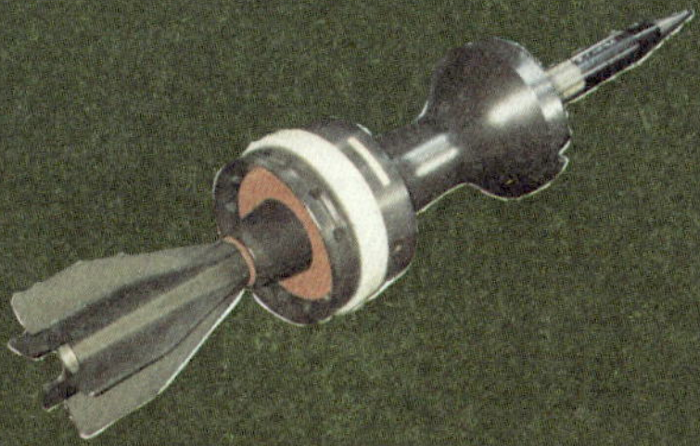

弹道导弹

DANDAODAODAN

弹道导弹鼻祖——V-2导弹

德国 V-2 导弹是世界上第一种弹道导弹。是第二次世界大战期间德国研制的地地弹道导弹，其可从欧洲大陆直接准确地打击英国本土，它是火箭技术进入一个新时期的标志。

兵器档案

弹长：约 14 米
弹径：1.7 米
射程：300 千米
离陆时质量：12800 千克~13000 千克
最大速度：4.8 马赫
结构：一体式液态火箭

研发历史

1925 年，德国人率先在奥比尔公司生产的竞赛用汽车上试验了火箭推进器。1929 年，奥伯特与他的助手们开始研发液态火箭推进器。

1932年，德国陆军开始参与研究，并派遣瓦尔德·多恩伯格上尉负责筹组相关事宜，瓦尔德招募了当时为经济状况烦恼的沃纳·冯·布劳恩为首的火箭研究小组进入德国陆军兵器局，开始进行液态火箭推进器的试验，同年，德军在柏林南郊的库斯麦多夫靶场建立了火箭试验场。

1934年12月19日及20日，冯·布劳恩的研究团队成功发射两枚重500千克，安装陀螺仪并以液态氧及乙醇为动力来源的A-2火箭，此次测试两枚火箭以2.2千米及3.5千米的射程掉落北海，A-2火箭开发到1936年结束。

由于A-2火箭得到了满意的成果，于是德军更近一步着手研究第二代的A-3与A-4火箭开发计划。1937年德国陆军拨款2000万马克作为A-4火箭研发经费，在1942年正式研发成功。随即量产制造，1944年9月正式命名“V-2火箭”，并在当年的9月8日的伦敦攻击中扬名于世。

技术特点

以乙醇与液态氧当作燃料，两种物质则会以一定比例通过管线引入燃烧室点火推进。管线特别设置在燃烧室壁旁，目的在于冷却降温，以免发生燃烧室过热甚至融化的状况。在“V-2火箭”的尾端，亦安置了被称为燃气舵的金属板，主要是为了改变气流，诱导火箭朝正确的方向前进，也可以用来改变火箭前进的路线。导引方式则是传统的惯性导引：当火箭点火后，液态燃料推进器将会把V-2推送到一定高度与速度，待燃料烧完之后，导弹大多会在抛物线的顶点(80千米～100千米)，接着便会受惯性沿着抛物线继续射向目标。

实战应用

从1944年9月6日到1945年3月27日，德国共发射了3745枚V-2导弹，其中有1115枚击中英国本土。从袭击英国造成的人员伤亡看，V-2共炸死2724人，炸伤6476人，建筑物的破坏也相当大。V-2火箭武器的威力得到充分展示，但并没有收到德国当局希望的那种能挽回败局的战果。

钻地利器
——“潘兴”Ⅱ导弹

“潘兴”导弹是美国研制的一种中程地对地固体弹道导弹，有三种型号。该导弹现已退役。该导弹采用惯性制导和具有机动变轨能力的雷达地形匹配制导两套系统，命中精度也由37米提高到40米，是之前地对地弹道导弹命中精度最高的一种导弹。

兵器档案

弹长：10米
弹径：1米
起飞重量：7200千克
射程：1800千米
飞行速度：12倍音速
命中精度：约30米
发射准备：5分钟
发射方式：公路机动车载

基本情况

“潘兴”Ⅱ导弹是二级固体火箭发动机推进的高超音速弹道导弹，其中一、二级分别装备3.2吨和2.2吨HTPB复合推进剂，最大飞行高度300千米，飞行马赫数12。在主动段和中段完成之后，末段开始带着再入飞行器进入大气层。在15千米高度上，载入器头部雷达天线向目标区域进行扫描，如发现弹头偏离攻击轨迹，计算机修正指令，使弹头重新回到预定轨迹上来，直到精确击中目标。发射设备主要有运输发射车、发射控制车和制导设备车等。

“潘兴”Ⅱ导弹主要用来打击敌导弹基地、飞机场、指挥中心、桥梁等点状目标，摧毁能力非常强。导弹配有集束式常规弹头和核弹头两种战斗部，采用惯性和雷达区域相关制导系统。它所携带的一枚核弹头威力虽只有1万吨~5万吨TNT当量，但能空中爆炸、地面爆炸和钻地爆炸。钻地爆炸弹头装有高强度合金钢外壳，能以巨大冲击力和超高速钻入土层或混凝土以下爆炸，以摧毁地下掩体或指挥部等坚固目标。

核弹头型号

W-85 核弹头和 W-86 核弹头原本都是为“潘兴”Ⅱ弹道导弹发展的核弹头。W-85 核弹头是 B61-4 核航弹和 W-70、W-80 核弹头的改进型。长约 106 厘米，直径 32 厘米，当量可调，有低于 1000 吨、1 万吨 ~ 2 万吨和 0.5 万吨 ~ 5 万吨三个档次。核弹采用密码锁定，首先需打开密码锁，然后解除弹头保险，导弹点火也有密码，弹头爆炸需多方解除保险才可运作。W-86 核弹头是“潘兴”Ⅱ导弹配属的单一当量的钻地核弹头。1976 年开始研制，设想远距离发射，弹头将钻入相当于九层楼房高的地下深处爆炸，以摧毁敌方硬目标、点目标和地下军事领导机关。

部署情况

“潘兴”Ⅱ导弹是美国陆军装备的武器，1983 年开始在西德部署 108 枚，1985 年在美国本土部署 42 枚，主要用于打击华约国家的指挥所和交通枢纽等目标。由于该弹属《苏美两国消除中程和中短程导弹条约》规定销毁之列，已退出现役。

巡航导弹

XUNHANGDAODAN

短剑

——萨姆 -15 防空导弹

萨姆 -15 防空导弹，俄罗斯称之为 9K330 道尔，北约称为萨姆 -15，其最新改进型为 9K331 道尔 -M1，1993 年装备部队，是俄罗斯安泰设计局 20 世纪 80 年代研制的近程地空导弹系统，它是一种机动型全天候近程防空武器，用于为野战部队或各种军事目标提供近距离对空防御，击落飞机、直升机、巡航导弹、精确制导导弹、无人飞机和弹道导弹等。

导弹结构

萨姆 -15 防空导弹全套武器由目标搜索、射击控制和导弹弹射三大系统组成。

目标搜索系统中的1部多普勒脉冲雷达具有很强的反干扰能力，可在激烈的电子对抗环境中探测到25千米范围内的48个目标，并对其中的12个目标进行跟踪；也可根据指挥官的决策，对临时出现的危险目标进行跟踪。另有1部雷达采用先进的相接阵天线和数据处理装置，可同时跟踪2个目标并控制导弹实施攻击。

兵器档案

导弹全长： 2.895米
弹径： 0.235米
翼展： 0.5米
最大射程： 463千米（B型）；1296（C、D型）千米
起飞重量： 165千克
射程： 1.5千米~12千米
射高： 10米~8000米
最大速度： 850米/秒

控制系统的3台计算机可每秒进行100万次运算，快速计算出截击目标必需的各种数据，在数秒时间内发射出第1枚导弹。发射车上装有回转式发射装置，上面的2个密封箱内各装有4枚导弹，使用时发射箱呈垂直状态，先由弹射系统将导弹射向空中，然后点燃火箭发动机，导弹在极短的时间里就达到每秒860米的高速度，以平均每秒600米的速度飞完12千米距离。它的作战高度是10米~8000米。它可以攻击最大飞行速度达到700米/秒的飞机或导弹，而目前大部分机动式防空武器只能攻击速度约500米/秒的空中目标。导弹飞到目标附近，弹上的无线电引信引爆战斗部，击毁目标。

导弹特点

道尔-M1系统是世界上同类地空导弹系统中唯一采用三坐标搜索雷达，具有垂直发射和同时攻击两个目标能力的先进近程防空系统。整个系统包括一部三坐标多普勒搜索雷达、一部多普勒跟踪雷达、一部电视跟踪瞄准设备和8枚9M330导弹，均整合安装在一辆由GM-569改装的中型履带装甲运输车上。基本战斗单位是导弹发射连，由4辆导弹车和1部指挥车组成，并配有导弹运输装填车、修理车和测试车等。

反坦克导弹

FANTANKEDAODAN

穿山甲

——“沙蛇”反坦克导弹

“沙蛇”是法军1992年装备的第二代近程便携式反坦克导弹，其结构设计、原理和使用别具一格。主要用于近距离反坦克，特别适合于城市巷战。“沙蛇”是世界上第一种真正实用的肩射式近程反坦克导弹，并外销到加拿大、挪威、巴西和马来西亚等国，总销售量已达2万多枚。

兵器档案

弹长： 925毫米
弹重： 9.9千克
系统全重： 15千克
破甲厚度： 900毫米
射程： 25米～600米
命中率： 90%以上（用三脚架）

基本特点

“沙蛇”导弹由弹体、战斗部、发动机、弹翼和制导组件组成。战斗部为两级串联式空心装药战斗部，小型战斗部直径25毫米，用于摧毁坦克的反应装甲；主战斗部直径135毫米，用于攻击坦克的主装甲，可击穿900毫米厚的轧制均质钢装甲板，现有的各种主战坦克的装甲其都可击穿。

“沙蛇”是第一种具有软发射能力的近程反坦克导弹。所谓“软发射”就是先低速起飞，然后加速。发射时，导弹的小型起飞发动机先使导弹以17米/秒的低速飞离导弹发射筒，其后由主发动机提供续航推力，使导弹的速度达到260米/秒。飞行最大射程600米的时间为4秒。

该导弹采用光学瞄准，光学跟踪，利用连接导弹和发射装置的导线进行有线制导，这样，在导弹发射到击中目标期间，射手必须始终用光学瞄准具瞄准目标，但由于导弹射程较近，导弹飞行时间将较现役火箭或中程反坦克导弹大为缩短，减少了敌方还击的可能。

使用状况

“沙蛇”反坦克导弹是一种单兵便携式武器，可由前线步兵单人操作使用，但通常由两名士兵（射手和弹药手）操作使用。有两种发射方式：一是采用立姿或跪姿进行肩射，二是用小型三脚架支撑在地面上进行有准备的射击（卧姿发射）。由于使用三脚架发射时的命中率高（90%以上），故这种发射方式更为常用。肩射的命中率要低一些（70%以上），多在遭遇战等紧急情况下使用。

另外，鉴于在巷战中士兵将在有限空间内发射该种武器，“沙蛇”导弹采用了软发射模式，在战时士兵可借助此项功能隐蔽在建筑物或工事内攻击敌方坦克。

简易杀手
——“标枪”反坦克导弹

“标枪”是美国20世纪80年代中期开始研制的第四代反坦克导弹，美军在1995年接收了第一批“标枪”导弹系统，最早装备于第82空降师，1997年开始大规模生产和装备。

兵器档案

弹长： 957毫米
弹重： 11.8千克
直径： 126毫米
射程： 2000米
系统全重： 22.5千克
垂直破钢甲： 750毫米
攻击方式： 顶攻击、正面攻击

基本特点

“标枪”导弹系统主要由发射包装筒、导弹和瞄准控制单元组成，其之所以能做到“发射后不管”，主要归功于导弹头锥玻璃罩内的焦平面热成像寻的器和图像识别处理。“标枪”系统有两种交战模式，攻顶模式主要用于反主战坦克和装甲车，正面攻击模式主要用于打击工事及非装甲目标。“标枪”导弹的战斗部充分考虑了对付目前主战坦克装甲。其战斗部为前驱波（预装药）弹头，预装药主要用于破坏反应装甲，而在其鼻锥形钼质套筒衬垫内装着的LX—14主装药是用来摧毁主装甲的。

实战运用

“标枪”是目前世界上性能最优异的反坦克导弹，采用技术最先进的红外热成像制导方式，真正具备“打了就不用管”能力，即导弹发射后能自动跟踪攻击目标，不需任何人为干预。“标枪”导弹在伊拉克战争中得到了大量使用。

在进攻巴格达的新闻镜头中，美军的很多M2步兵战车、M3骑兵战车都将原安装在炮塔左侧的双联装“陶”式导弹换成了四联装的“标枪”。美军机械化步兵也大量使用“标枪”导弹摧毁伊军火力点和观察哨所，甚至用来打击伊军狙击手。

防空导弹

FANGKONGDAODAN

陆地之盾
——爱国者 PAC-3 系统

“爱国者”是美国陆军研制的最新一代全天候、全空域防空导弹武器系统，能在电子干扰环境下拦截高、中、低空来袭的飞航式空袭兵器（飞机或巡航导弹），也能拦截地对地战术导弹。

兵器档案

弹长：5.18 米
弹径：0.41 米
翼展：0.92 米
弹重：900 千克
杀伤半径：20 米
反应时间：15 秒
发射方式：地面机动发射

型号特点

爱国者 PAC-3 导弹系统，是洛克希德·马丁公司在“爱国者”PAC-2 系统的基础上，通过改进火控系统并换装新的 PAC-3 导弹而成的一种全新防空系统，是美国研制的TMD重点项目之一。PAC-3计划是美国作为未来双层陆基战区导弹防御系统的低层防御系统。该系统选用了三种导弹：PAC-3/1，PAC-3/2和PAC-3/3。

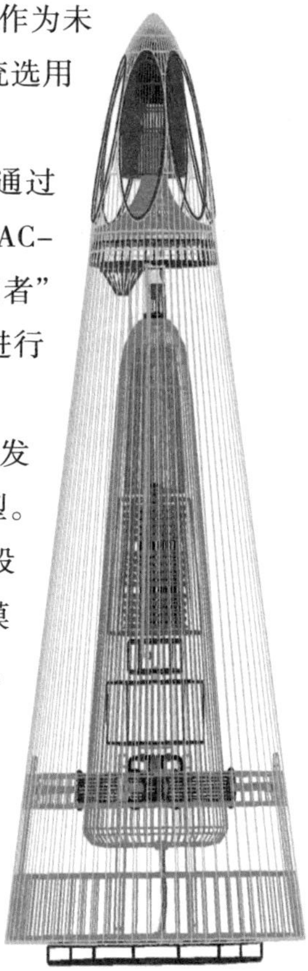

第一种仍为PAC-2系统所用的“爱国者”导弹，通过继续改进提高性能，既PAC-2的GEM增强制导型PAC-3/1，1995年装备部队约350枚；该弹对装在PAC-2“爱国者”导弹前端的低噪声接收机进行了改进，并对侧视引信进行了改型，使其向前看得更远。

第二种PAC-3/2型，主要是为了对付隐形飞机而发展的，PAC-3/2导弹为PAC-3/1的加长火箭发动机型。PAC-3/2抛弃了被认为是过时的半主动雷达制导加末段TVM修正，改为末段全主动雷达+半主动雷达制导双模导引头，通过导引头的切换提高了对弹道目标和隐形飞机的反应能力。

第三种则是由洛克希德·马丁公司研制的动能杀伤拦截弹PAC-3/3，PAC-3/3导弹将准确的导引头和敏捷的弹体结合在一起，是世界上第一种动能武器，具有很强的机动性，过载能力达100G，专用于反导，也可以用于拦截攻击导弹阵地的高速反辐射导弹。同时，雷锡恩公司也对原相控阵雷达进行改进，使平均功率增大一倍。这样还可使相控阵雷达生成更多的波形。

实战运用

2002年冬，美国准备发动伊拉克战争，提前在近东部署了两种最新型“爱国者”导弹防御系统：PAC-2、PAC-3，以充分保障对战术弹道导弹、有人驾驶飞机、无人机的反击任务。不过，在2003年春爆发的伊拉克战争中，“爱国者”导弹系统并没有得到充分的发挥，使用强度较低，远远低于1991年时的水平，据美军消息人士透露，各种类型的“爱国者”防空导弹系统共击落了9个目标，主要是射程约150公里的“萨姆德-2”型战术弹道导弹。